Der rationelle Estanziabetrieb im Unteren La Plata-Gebiete als productives Feld für deutsches Kapital und deutsche Arbeitskräfte.

Ein Entwurf zu
einer allmähligen Umwandlung des bisherigen extensiven Betriebes in einen mit bäuerlichen Ansiedelungen verbundenen und eine höhere Rentabilität gewährenden möglichst intensiven Betrieb,

ausgearbeitet von

C. F. E. Schultze.

Quidquid agis, prudenter agas,
et respice finem.

Hamburg.
L. Friederichsen & Co.
Geographische und nautische Verlagshandlung.
1886.

Uebersicht des Inhaltes.

Die Ziffern hinter den Inhaltsangaben verweisen auf die Seitenzahl.

Allgemeiner wirthschaftlicher Ueberblick, 1—40.

Vorwort.

Diese kleine Arbeit erhebt den Anspruch, mit Gewissenhaftigkeit, Gründlichkeit und Sachkenntniß gemacht zu sein. Sie soll im Anschluß an meine früheren Schriften, Vorträge ꝛc. dazu dienen, dem in letzter Zeit in Folge einer lebhaften und vielseitigen vom La Plata aus in Scene gesetzten Agitation, resp. Reklame und Schönfärberei in Deutschland erwachten und auf jene Länder gerichteten Unternehmungsgeist einige nützliche und nothwendige Anhaltspunkte zu geben und Wegweiserdienste zu verrichten. Dieser eben erwähnte Unternehmungsgeist nimmt nämlich, wie es mir und anderen mit den wirthschaftlichen Verhältnissen jener Länder vertrauten Personen scheint, in sehr bedenklichem Grade den Character eines vergangenen Jahrhunderten eigenen und mit der damaligen Unkenntniß mit überseeischen Verhältnissen zu entschuldigenden und daher erklärlichen Abenteurersinnes an und es steht zu befürchten, daß beim Betreten dieser Bahnen bittere Enttäuschungen, große Verlüste und vielfaches Unglück die nothwendigen und unausbleiblichen Folgen sein werden.

Man hat mir vorgeworfen und zwar von sehr hervorragender Seite, meine Schriften, Vorträge ꝛc. zeichneten sich höchst unvortheilhaft durch eine bleischwere Materialität aus, welche allenthalben von Anfang bis zu Ende, ausschließlich Alles dominire; wenn man das von mir Geschriebene lese und das von mir Gesprochene höre, müsse man glauben, meiner Meinung nach sei der Mensch nur auf der Welt um recht viel Geld zu verdienen, denn auf jeder Seite fände man Zahlen, Berechnungen und Angaben, wie viel oder wie wenig dieser oder jener Gegenstand werth sei und welche Aussichten er hinsichtlich seines pekuniären Werthes in Zukunft habe; überall das Vorhandensein eines krassen Materialismus, welches jeden feinsinnigen Leser verletzen müsse. Daran ist allerdings etwas Wahres. Ich habe absichtlich nie etwas erwähnt von dem Azurblau des Himmels, von dem magischen Effect des Kreuz des Südens, von den Felsenstirnen der majestätischen Anden, von dem imposanten Schauspiele, welches die entfesselten Elemente in Gestalt eines mit unwiderstehlicher Gewalt dahinbrausenden Pampero dem Erdensohne bieten, von dem Murmeln eines in tiefster Urwaldeinsamkeit dahinfließenden einem Silberfaden vergleichbaren Baches, von der unerschöpflichen Kraft des jungfräulichen Bodens, von den hundertfältigen Erträgen, welche die geringe Mühe des Ansiedlers tausendfach belohnen, und was dergleichen Zauber, rethorisches Schmuckwerk und Reklame mehr ist. Das haben Tausende und Zehntausende schon vor mir beschrieben und besungen und werden es auch noch nach mir beschreiben und besingen. Der Eine schreibt es vom Andern ab und singt es dem Andern nach. Ich habe versuchen wollen, eine in dieser umfangreichen auch den feinsinnigen Lesern mundgerecht gemachten Litteratur für mich sehr sichtbare und sehr fühlbare Lücke auszufüllen. Ich habe als praktischer Mensch vom praktischen Standpunkte aus über praktische Sachen in praktischer Weise und zu praktischen Zwecken etwas ausschließlich Praktisches schreiben wollen für praktische Menschen und solche die es werden wollen.

Die ideal veranlagten Naturen, welche nach dem La Plata auswandern, um in erster Linie echt teutsches Wesen, teutsche Sprache und teutschen Gesang in argentinischen und paraguayischen Urwäldern und Einöden zur Geltung zu bringen, die mögen sich die zu ihren Robinsonaden nöthige Litteratur von einem der zahlreichen Vertheiler von Reklameschriften uud in der ersten besten Musikalienhandlung kaufen, nach kurzer, vielleicht sehr kurzer Zeit wird es ihnen ergehen, wie es bisher noch allen derartigen unpraktischen Schwärmern ergangen ist. Sie werden einsehen, daß es sowohl im Urwalde als auch in der Wüste Nichts zu verdienen giebt, — es sei denn, sie versuchten ihr Glück als Holzfäller oder Yerbateros*) — und sie werden das Deklamiren deutscher Gedichte und das Veranstalten von deutschen Männerquartetten im Urwalde bald einstellen und sich dahin zurückbegeben, wo die materielle Arbeitskraft und das noch viel materiellere Kapital, die beiden Hauptfaktoren zum Beginne jeder Culturarbeit möglichst gut zu verwerthen sind. Solches wird allemal entweder ein Konsumplatz selbst oder die Nähe eines Konsumplatzes oder die einer bequemen und billigen Verkehrsstraße sein, dort, wo man seine etwaigen Producte an Consumenten absetzen und verwerthen kann und wo man vor allen Dingen mit seinen Producten **concurrenzfähig** ist. Es ist durchaus erforderlich, das allergrößte Gewicht auf diese Grundbedingungen zum Gedeihen wirthschaftlicher Unternehmungen, Ansiedelungen, Niederlassungen 2c. 2c. in neuen noch wenig cultivirten Ländern zu legen. An der Verkennung und Mißachtung genannter unerläßlicher Bedingungen, an dem gänzlichen Mangel kaufmännischer, eine Rentabilität ins Auge fassender Kalkulation sind am La Plata schon eine Unzahl leichtfertig und phantastisch begonnener Unternehmungen kläglich gescheitert. So wie man bei einem monumentalen Bauwerke keinen mit allerhand schönen Verzierungen versehenen Oberbau herstellen kann, wenn man nicht vorher einen weniger schönen aber in erster Linie soliden Unterbau fertig gestellt hat, so kann man auch keine culturellen Erfolge erzielen, wenn nicht vorher eine breite, durch und durch solide materielle Grundlage gesichert ist. Daher die bleischwere Materialität in meinen Schriften und in meinen Vorträgen, daher das entschiedene Bekämpfen und gelegentliche Verspötteln der Schwärmerei und des Abenteurersinnes, welches mein Bekämpfen und Bespötteln aber keineswegs darauf hinzielt, die feinsinnigen Leser zu verletzen, sondern ihnen die Augen zu öffnen und den Weg zu zeigen, der allein zum ersehnten Ziele führt, den

*) Yerbateros sind die Leute, die am oberen Parana die dort befindlichen Theewälder, die sogenannten Yerbales ausbeuten.

Weg der kühlen kaufmännischen, eine zweckentsprechende Verwendung und lohnende Verwerthung von Kapital und Arbeitskraft berücksichtigenden Berechnung, den Weg der angestrengten und zielbewußten Thätigkeit, den Weg der streng wirthschaftlichen Wirthschaft, mit kurzen Worten, den Weg der unerbittlichen und unvermeidlichen

bleischweren Materialität.

Ratzeburg, Juli 1885.

Der Verfasser.

Allgemeiner wirthschaftlicher Ueberblick.

Die La Plata-Länder, welche im Verein mit den südlichen Provinzen des ungeheuren brasilianischen Reiches den ganzen östlich von dem gewaltigen Andengebirge und südlich vom Wendekreise des Steinbocks belegenen Theil des südamerikanischen Continentes einnehmen, haben sich in neuester Zeit in der Weltwirthschaft einen nicht unbedeutenden Platz erobert und lenken die Blicke der alten Welt in immer steigendem Maaße auf sich. In ihnen findet europäisches Kapital, vorwiegend englisches und französisches, eine mehr oder weniger vortheilhafte Anlage, nach ihnen wendet sich ein stetig zunehmender Strom europäischer Auswanderer, hauptsächlich Italiener, dann Spanier einschließlich Basken, Franzosen, Engländer, Schweizer rc. Deutsches Kapital als Betriebskapital von Geschäften, Import-, Export- und Productengeschäften rc. ist dort allerdings auch schon zu einem bedeutenden Betrage vertreten, aber deutsche Einwanderung d. h. ein nennenswerther Zuzug deutscher Dienstboten, deutscher Arbeiter, deutscher Bauern findet nicht statt. Was man drüben am La Plata an Deutschen findet, sind Kaufleute, Commis, Aerzte, Apotheker, Gelehrte, Lehrer, Lehrerinnen und Handwerker, ferner wie wohl überall in überseeischen Ländern eine nicht geringe Anzahl von Angehörigen der mittleren und höheren Stände, welchen der deutsche Boden aus verschiedenen Ursachen zu heiß geworden und deren Trennung von den lieben Angehörigen schließlich für beide Theile, namentlich aber für den in Deutschland bleibenden erwünscht, ja sogar nothwendig geworden ist.

Die Angehörigen anderer europäischer Nationen, allen weit voran die Engländer, sind im Besitze von Hunderten und Hunderten von Estanzias, Viehzuchtetablissements, auf welchen Millionen von Schafen und Kühen weiden, und welche Etablissements, die in ihnen angelegten Kapitalien, mit Ausnahme der zu theuer gekauften oder schlecht verwalteten, mit durchschnittlich 10—12 % verzinsen. Das in Estanzias angelegte englische Geld allein beziffert sich auf Hunderte von Millionen Mark. Die wenigen in Händen von Deutschen befindlichen Estanzias kann man in einem Athemzuge namhaft machen. Deutsches Kapital zieht es vor zum Betrage von Hunderten und Hunderten von Millionen Mark in 4 %igen Ungarn, Dänen und Schweden, 4½ %igen Norwegern, in 5 %igen Russen, Rumänen, Serben, Italienern 2c. 2c. angelegt zu werden. Von diesen 5 % Zinsen ziehen die Herren Italiener dann noch liebenswürdigerweise 13²/₁₀ % ab, und mit dem in Deutschland erborgten Gelde legen sie in Buenos Aires, Montevideo u. s. w. italienische Banken an, subventioniren italienische Schnelldampferlinien nach dem La Plata, italienische Schulen am La Plata und thun überhaupt alles Mögliche, um italienische Einwanderung und italienischen Einfluß am La Plata zu vermehren und zu kräftigen.

Die nach dem La Plata auswandernden Angehörigen aller europäischer Staaten haben nun, soweit sie nicht durch Vorspiegelungen mannigfacher Art zu einer Besiedelung abgelegener Wildnisse verleitet werden, welche Wildnisse sie aber gewöhnlich sehr bald wieder verlassen, unter dem Drucke und mit gebührender Würdigung der bleischweren Materialität bis jetzt fast ausnahmslos das Bestreben gehabt, sich dahin zu wenden, wo die Arbeit am meisten lohnt. Man wird solches Bestreben auch nicht unnatürlich finden, wandern doch bekanntlich hier in Deutschland die Leute ebenfalls unter Berücksichtigung und unter dem Drucke der bleischweren Materialität hauptsächlich in denjenigen Gegenden aus, wo die Arbeit am wenigsten lohnt. Das in kundigen Händen befindliche Kapital ist bekanntlich ein noch viel größerer Materialist, als der durch die Noth fortgetriebene Auswanderer und wendet sich mit Vorliebe dorthin, wo bei großmöglichster Sicherheit die höchstmöglichen Zinsen gewonnen werden können. Das ist der Lauf der Welt und daran wird sich schwerlich Etwas ändern lassen. Derjenige Theil des La Plata-gebietes, in welchem nun sowohl Kapital als auch Intelligenz als auch Arbeitskraft die meiste Aussicht auf eine vielseitige Verwendung und lohnende Verwerthung haben, ist das Untere La Platagebiet, die argentinischen Provinzen Buenos Aires, Santa Fé und Entre Rios sowie der Freistaat Uruguay. Nur dieses Gebiet kann für größere Mengen europäischer Einwanderer vorläufig in Betracht kommen. Einzelne Personen, wie Kaufleute, Aerzte, Apotheker, Handwerker, Weinbauern 2c. werden auch anderswo in beschränkter Anzahl ihr Fortkommen finden. Wenn dieses Untere La Plategebiet später dichter besiedelt und für die Producte des Oberen La Plategebietes und der westlichen Theile consumfähiger geworden sein wird, erst dann werden die von der Küste und den jetzigen Consumplätzen entfernteren Landstriche für eine intensive Bewirthschaftung Werth bekommen, und erst dann ist eine Besiedelung und intensivere Bewirthschaftung derselben anzuempfehlen. Eine solche noch in ziemlich weiter Ferne liegende allgemeinere Besiedelung wird sich dann auch fast ausschließlich nach Norden zu, in dem subtropischen und regenreicheren Oberen La Plategebiete möglich machen lassen, denn das Centrum, der Westen und der weite, weite bis an die Magalhaensstraße reichende Süden des großen Argentiniens sind wasserarme Steppen und vegetationslose Wüsten. In letzteren ist nur an vereinzelten Stellen, wo eine künstliche Bewässerung möglich ist, wie z. B. in den weinbauenden Districten der Andenprovinzen oder wo, wie im nördlichen Patagonien wegen niedriger Stellen und größerer Querthäler im Andengebirge, Regenwolken vom Stillen Ocean her ins Land dringen können, eine Cultivirung des Bodens und eine intensivere Wirthschaft ausführbar. Selbst das im Centrum Argentiniens belegene Steppengebiet wird sich zu einer intensiveren Bewirthschaftung nie eignen, es wird, wo man das Land nicht künstlich bewässern kann, auch nur zu extensiver Viehzucht zu verwenden und mit solcher zu verwerthen sein.

Die extensive Viehzucht ist seit der Entdeckung und Eroberung des Landes die hauptsächlichste ja fast ausschließliche Nährquelle der Bewohner gewesen. Sowohl Klima als auch natürliche Vegetation begünstigen einen derartigen Betrieb, durch extensive Viehzucht werden die mit Gräsern und anderen mannigfachen Weidepflanzen bedeckten Ländereien am leichtesten und mit möglichster Vermeidung von Unkosten ausgenutzt und verwerthet.

In früheren Zeiten war es fast ausschließlich das Rind, welches auf den weiten Niederungen längs dem Riesenstrome Paraná und dem Uruguay und dem von diesen Flüssen gebildeten La Plata gehalten wurde und hauptsächlich nur der Haut und des Talges wegen. Für die großen Quantitäten Fleisch hatte und hat man zum größten Theile auch heute noch, abgesehen von dem nicht unbedeutenden inländischen Consum, nur eine höchst ungenügende Verwerthung; das

Fleisch wurde und wird in große Scheiben geschnitten, stark gesalzen und an der Luft getrocknet und in dieser Form als „carne tasajo" dann nach Brasilien und Cuba verschifft. Nach Brasilien sendet man die bessere Qualität von fettem Vieh und nach Cuba die geringere Sorte von magerem Vieh. War der Bedarf in den genannten Ländern gering, dann wurde in früheren Zeiten das überflüßige Fleisch einfach weggeworfen und der Fäulniß überlassen. Eine derartige Vergeudung hat noch in den 40er Jahren stattgefunden. Auch in neuerer Zeit hat es Perioden gegeben, in welchen wegen starken Angebotes und geringer Nachfrage der Preis dieses Salzfleisches ganz außerordentlich niedrig war, wenigstens für das nur in Cuba zu verkaufende Fleisch von magerem Vieh, sogenannte carne habanera. So kostete im Jahre 1868 der spanische Centner (46 kg) von getrockneten Salzfleisch letztgenannter Qualität nur $1\frac{1}{4}$ Pesos fuertes, etwas über 6 Reichsmark an Bord geliefert. Da ein $2\frac{1}{2}$jähriges Thier dortiger unveredelter Rasse nur ca. 55 kg getrocknetes Salzfleisch liefert, so bezifferte sich damals die Fleischausbeute eines solchen Thieres auf ca. $7\frac{3}{5}$ Mark, und da man im Durchschnitt auch nur 14 kg Talg von einem solchen Thiere erhält, so blieb als Hauptproduct die Haut. In jener Zeit, Ende der 60er Jahre waren $2\frac{1}{2}$jährige Schlachtochsen deßhalb auch nur 24—28 Mark und Vieh al corte, d. h. heerdenweise ohne Auswahl, wie es läuft, alt und jung, groß und klein, nur 12—14 Mark pr. Stück werth. Im Anfange der 70er Jahre, in der universellen Gründerperiode stiegen Häute und Talg, wie mehr oder weniger alle Consumartikel nicht unerheblich im Preise, und wenn dieser Preisaufschlag in Folge des darauf folgenden Kraches in $187^4|_5$ auch wieder zurückging, so stieg der Preis des Salzfleisches, wenn auch unter Schwankungen doch bis zu Anfang dieses Jahrzehntes ganz bedeutend, bis zu etwa $7\frac{1}{4}$ Pesos fuertes (ca. 32 Reichsmark) für bessere Qualität. Die Steigerung der Fleischpreise hatte im Verein mit der durch das im Jahre 1879 bewerkstelligte Vertreiben der Pampasindianer und der durch die letzten enormen Anleihen Argentiniens hervorgerufenen und am La Plata beispiellosen Gründer- und Schwindelperiode auch eine bis dahin unerhörte Preiserhöhung des Rindviehes zur Folge. Durch das Vertreiben der Indianer südlich über den Rio Negro wurde nicht allein ein großes zum Theil für extensive Viehzucht noch brauchbares Gebiet gewonnen, sondern auch die früheren den Einfällen und Viehdiebstählen der Indianer ausgesetzt gewesenen Grenzländereien konnten jetzt ohne wesentliche Gefahr zur Viehzucht benutzt werden. Da das Geschäft der Estanzieros (Viehzüchter) in der zweiten Hälfte der 70er Jahre durchschnittlich ein lukratives gewesen war, so wollten Alle und Jeder die sich jetzt in großartigem Maaßstabe bietende Gelegenheit zum Landerwerb ergreifen, um sich in den Besitz einer Estanzia zu setzen. Auctionen folgten auf Auctionen, von Landspeculanten besoldete Zeitungen machten die äußersten Anstrengungen in der Verfertigung von Reklameartikeln, offizielle und nicht offizielle Elemente betheiligten sich mit allen Kräften und allen Mitteln an dieser gewinnbringenden Speculation. So gelang es denn auch mit Benutzung des durch unaufhörliche Anleihen hervorgerufenen flüssigen Geldstandes und des von den Banken leicht gewährten Credites einen Land- und Terrainschwindel ins Leben zu rufen, welcher aller Beschreibung spottet. Die Nutzbarmachung eines Theiles dieser genannten Ländereien zu Estanzias hatte selbstverständlich eine früher nie gekannte Nachfrage für Zuchtvieh zur Folge, und so stieg der Preis für ungezähmtes Rindvieh dortiger einheimischer Rasse auf 40, 45, selbst 50 Mark per Kopf al corte, also auf das drei- bis vierfache von dem, was man 1868 bezahlt hatte. Europäische Kapitalien zu einem ganz bedeutenden Betrage, englische, französische und belgische, jedoch vorwiegend erstere sind in dieser Gründer- und Schwindelperiode in Ländereien und Estanzias angelegt worden und die Inhaber dieser neuen Etablissements werden, da sie sowohl das Land als auch besonders das Vieh mindestens 100 % zu theuer bezahlt haben, äußerst froh sein können, wenn sie mit ihren Kapitalien 5—6 % Zinsen machen anstatt 10—12 %, wie sie mindestens erwartet hatten und wie ihre „Freunde" am La Plata ihnen vorge—rechnet hatten.

War es in früheren Zeiten fast ausschließlich das Rind, welches die Bewohner des Landes mit deren Hauptnahrung, dem Fleische versorgte und die damaligen Exportartikel des Landes, Häute, Talg, Fleisch ꝛc. lieferte, so haben sich die Verhältnisse, wenngleich die Zahl der Rinder besonders in neuester Zeit stark gewachsen ist, doch in dieser Hinsicht in den letzten Jahrzehnten total geändert. Das Schaf resp. das Wollschaf, welches bei einer extensiven Zucht, bei der eine Milchverwerthung nicht stattfindet, wegen der schon bei Lebzeiten ihm jährlich entnommenen Wolle und wegen seiner schnelleren und reichlicheren Vermehrung einen höheren Ertrag liefert als das erst nach seinem Tode zu verwerthende Rind, hat auf denjenigen Ländereien, welche wegen der auf ihnen wachsenden Süßgräser, Klee ꝛc. des pasto tierno, die Zucht und Haltung von Merino- und Mestizoschafen gestatten, das Rind theilweise oder auch gänzlich verdrängt. Dieser Umwandlungsproceß hat sich am fühlbarsten in der argentinischen Provinz Buenos Aires vollzogen und zwar in den an den Paraná und La Plata grenzenden Theilen dieser Provinz, woselbst die mit pasto tierno bestandenen Ländereien bis ziemlich weit landeinwärts nach Westen einen bedeutenden Flächenraum einnehmen. Die Producte der Schafzucht, Wolle, Schaffelle und Talg bilden in letzter Zeit in der argentinischen Provinz Buenos Aires etwa 70 bis 75 % und in der gesammten argentinischen Republik reichlich 60 % der Ausfuhr. In der argentinischen Provinz Santa Fé bilden neuerdings freilich Erzeugnisse des Ackerbaues, Weizen, Leinsaat und Mais den hervorragendsten Theil der dortigen Production und in dieser Provinz ist das Rind erst theilweise, im Süden, durch das Schaf verdrängt, in der Provinz Entre Rios ist die Schafzucht noch unbedeutender wie in Santa Fé und beschränkt sich ebenfalls nur auf den Süden der Provinz und schließlich im Freistaate Uruguay hat das Rind trotz der in den 60er Jahren, zum großen Theile auch von Deutschen gemachten erheblichen Anstrengungen, die Schafzucht zu forziren, immer noch die Oberhand behalten. In der schon subtropischen argentinischen Provinz Corrientes sowie in dem im Centrum Argentiniens belegenen wasserarmen Steppengebiete, den Provinzen San Luis, Córdoba und Santiago, welche Gegenden keine mit Süßgräsern, Klee ꝛc. bestandenen natürlichen Weiden von irgend welcher Bedeutung haben, hat man rauhe grobwollige Schafe, deren Zahl vielleicht 5 Millionen betragen mag. Außer diesen grobwolligen Schafen findet man in den genannten centralen Provinzen noch ca. 3 Millionen Ziegen.

Die Schafzucht ist erst seit Anfang der 50er Jahre mit Nachdruck betrieben worden, dieselbe kann auch, wenigstens die der Merino- und besseren Mestizoschafe nicht ad libitum ausgedehnt werden, da sie, wie vorhin erwähnt an die Zone der Süßgräser, des pasto tierno gebunden ist. Diese Zone erweitert sich nur allmählich und auch nur in bestimmten sich für solche Pflanzen wegen ihres Bodens und ihrer klimatischen Verhältnisse besonders eignenden Gebieten, vorwiegend in dem Mündungsgebiet der großen Flüsse und ganz speciell in der Provinz Buenos Aires. In diesen genannten Gebieten verlieren sich nämlich allmählich in Folge des immerwährenden Betretens und Abweidens durch Rindvieh und Pferde, durch den Einfluß der Excremente dieser Thiere ꝛc die ursprünglichen harten Gräser, der sogenannte pasto fuerte, um durch den pasto tierno ersetzt zu werden. Beide Arten Weiden haben ihre Vorzüge und Schattenseiten. Der erstere widersteht vermöge seiner langen Wurzeln erfolgreich den anhaltendsten Dürren, bietet den Thieren das ganze Jahr hindurch Futter, wenngleich solches im Herbste und Winter auch nur ein sehr trockenes, strohiges und wenig nahrhaftes ist und die Thiere nur eben am Leben erhält. Der pasto tierno besteht mit Ausnahme einiger Pflanzen, wie z. B. Disteln und mehrerer eher zu den Unkräutern als zu den nützlichen Futterkräutern zu zählenden Pflanzen aus flachwurzelnden Süßgräsern, Kleearten und dergleichen, liefert den Thieren ein leicht verdauliches und nahrhaftes Futter und gestattet die Haltung von feinen Schafen, bietet jedoch bei anhaltenden Dürren, welche in jenen Ländern leider nicht zu den Seltenheiten gehören, den Thieren häufig kein Futter, so daß die Eigenthümer dann gezwungen sind, wenn sie ihre Thiere nicht Hungers sterben lassen wollen, dieselben nach anderen Ländereien hinzutreiben, im Falle solche erhältlich sind. Immerhin haben solche Ländereien mit pasto tierno für den Viehzüchter einen bedeutend höheren Werth als diejenigen mit pasto fuerte, in der Provinz Buenos Aires bezahlt man stellenweise für erstere mehr als den zehnfachen Preis, welchen man für die beste Kampe mit pasto fuerte anlegt.

Pferde und Stuten werden auf sämmtlichen Estanzias gehalten, die ersteren für den Reitdienst, zum Hüten und Laziren des Viehes ec. und die Stuten zur Zucht dieser nöthigen Gebrauchspferde. Einige im pasto tierno belegene Estanzias ziehen es neuerdings vor keine Stuten zu halten und keine Pferde zu züchten, sondern ihre Pferde zu kaufen. Im pasto fuerte giebt es Estanzias, deren Stutenheerden nach Tausenden zählen. Die Stuten der gewöhnlichen einheimischen Rasse werden nicht zum Reiten und Fahren gebraucht, sie sind im Durchschnitt nur klein von Statur, 1 m 40—45 cm Bandmaaß, und man verkauft den Ueberschuß sammt den für den Reit- und Fahrdienst nicht tauglichen Wallachen zum Schlachten. In Uruguay und in den argentinischen Provinzen San Luis und Córdoba züchtet man eine bedeutende Anzahl Maulesel von Eselhengst und Pferdestute, welche Maulesel entweder im Lande selbst als Last- und Zuchtthiere Verwendung finden oder auch einen nicht unbedeutenden Exportartikel bilden.

Die Zucht und Haltung des Schweines ist in jenen Ländern ziemlich unbedeutend, weil Rind- und Schaffleisch durchschnittlich sehr billig und Schweinemast in Folge dessen wenig lohnend ist. Federvieh wird überall, sowohl auf den Estanzias als auch bei den Kolonisten viel gehalten, besondere Sorgfalt wird jedoch nicht darauf verwandt. Beliebt sind die großen spanischen Hühner wegen des fleißigen Legens und der großen schön weißen Eier. Truthühner trifft man auch in großer Anzahl, seltener Enten und noch weniger Gänse. In neuerer Zeit hat man verschiedene Versuche gemacht, den afrikanischen Strauß dort als Hausthier einzubürgern und zu züchten.

Eine besondere Zuchtrichtung in der Viehzucht jener Länder hat sich im Großen und Ganzen nur beim Schaf kundgegeben. Hier züchtet man fast ausschließlich auf Wolle. In den 50er und 60er Jahren verwandte man zur Veredelung mit Vorliebe Negrettiböcke, in neuerer Zeit hat man jedoch die Kammwollrassen, Rambouillet &c. mehr berücksichtigt. Am weitesten ist die Veredelung der Schafe in der Provinz Buenos Aires fortgeschritten, man findet in derselben nur noch wenig grobe Wollen. Der hohe Preis, den man eine Zeitlang für die lange glänzende Wolle der Lincolnschafe zahlte, hatte einen ziemlich starken Import und Verwendung von Böcken dieser Rasse zur Folge, in neuerer Zeit hat auch die wichtige Frage des Exportes frischen Fleisches in gefrorenem Zustande eine Einfuhr von Böcken der verschiedenen großen englischen Fleischrassen in nicht unbedeutendem Maaße verursacht. Sollte diese Ausfuhr frischen Fleisches, welches Geschäft noch nicht über das Stadium der Versuche hinaus ist, mit der Zeit größere Dimensionen annehmen, woran wohl kaum zu zweifeln, so wird man wahrscheinlich versuchen Schafe zu züchten, die bei einem genügend großen Körper noch einen leidlichen Ertrag an guter Stoffwolle geben, eine Zuchtrichtung, welche jedenfalls eine bessere Pflege und eine gleichmäßigere Fütterung als es die natürlichen Weiden jetzt bieten, erheischen würde.

Das dortige einheimische Rind zeichnet sich aus durch eine besonders dicke, feste und kräftige Haut, die Buenos Aires-Haut ist die werthvollste aller Rindshäute. Der Ertrag an Fleisch, Fett und Milch ist dagegen ziemlich gering. Thiere von 2½ Jahren liefern im Mittel 250 bis 300 Pfund etwas grobfaseriges Fleisch. Man hat seit Anfang der 70er Jahre, in welcher Zeit man auch anfing, in größerem Maaßstabe die Grundstücke mit Pfählen und Draht einzufriedigen, zum Theil auf eine Veredelung des Rindviehes Bedacht genommen und zu diesem Zwecke eine beträchtliche Anzahl Stiere und

Kühe aus Europa importirt. Die zur Veredelung am meisten benutzte Rasse ist die Shorthornrasse und das Durhamvieh, in zweiter Linie Hereford, ferner Polled Angus u. a. m. Durch Kreuzung mit diesen Rassen erzielte man allerdings mehr Fleisch, mehr Fett und auch mehr Milch, man machte aber auch sehr bald die Bemerkung, daß die Haut der so erzielten Mischlinge, besonders der Mestizos der Shorthornrasse dünner, schwächer und weniger werthvoll war als die Haut der unveredelten Thiere; man erreichte wie bei so vielen Sachen das Eine nur auf Kosten des Anderen. Die Zahl der, wenn auch zum großen Theile nur in geringem Grade veredelten Rinder ist z. B. eine nicht unbedeutende, man schätzt sie auf etwa eine Million, eine Zahl, welche vielleicht etwas hoch gegriffen sein dürfte. Versuche das Fleisch dieser Mestizos in gefrorenem Zustande nach Europa zu verschiffen, sind in neuerer Zeit in ziemlicher Anzahl und zwar fast ausschließlich von Engländern gemacht worden und es unterliegt wohl keinem Zweifel, daß diese Verschiffungen, je mehr die Veredelung des Rindviehs an Ausdehnung gewinnt und jemehr der dortige Estanziabetrieb von der rein extensiven zu einer mehr intensiven mit Futterbau 2c. verbundenen Wirthschaftsweise übergeht, ebenso wie die Verschiffungen von gefrorenem Hammelfleisch an Umfang und Bedeutung zunehmen werden.

Die Veredelung des Pferdes hat in einem noch beschränkterem Grade wie die des Rindviehes stattgefunden und die Abneigung der Estanzieros, auf die Verbesserung ihrer Pferde Zeit, Sorgfalt und Geld zu verwenden, erklärt sich leicht, wenn man weiß, wie wenige Garantien in früheren Zeiten für den Besitz werthvoller Pferde im Kampe existirten. Die vielen Pferdediebe und die Einfälle der Indianer einerseits und die häufigen mit rücksichtslosen Pferderequisitionen verbundenen Bürgerkriege und Revolutionen andererseits mußten nothgedrungen den Estanzieros die Haltung und die Aufzucht von guten und werthvollen Pferden gründlich verleiden. In neuerer Zeit, seit der Einführung des Systems der Einfriedigungen, seit der Vertreibung der Pampasindianer, der Verminderung und Einschränkung der Revolutionen, ist auch die Zucht des Pferdes in ein neues Stadium getreten. Eine ansehnliche Zahl europäischer vorwiegend englischer Hengste ist in den letzten Jahren am La Plata und hauptsächlich in die Provinz Buenos Aires importirt worden und es wird nicht lange mehr dauern, daß lebende Pferde einen Exportartikel des Unteren La Plategebietes bilden werden, welcher von Jahr zu Jahr an Bedeutung gewinnen wird. Zur Veredelung der dortigen im Durchschnitt nur kleinen, leichten und unschönen Pferde hat man in erster Linie englisches Vollblut verwandt, dann Trakehner, Cleveland, Clydesdale, Suffolk, Percheron, Orloff u. a. m. Es hat auch nicht an Anstrengungen gefehlt um die dortigen einheimischen Ziegen zu veredeln, und es verdienen die von zwei in der Provinz Córdoba belegenen Etablissements zu diesem Zwecke gemachten Anstrengungen eine Anerkennung. Man verwandte zur Kreuzung Böcke der langhaarigen Angorarasse, es sind jedoch keine befriedigende Resultate erzielt worden. Um das dortige hochbeinige, langrückige und wenig mastfähige Schwein zu verbessern, hat man ebenfalls, wenn auch in beschränktem Maaße fremde Rassen eingeführt z. B. Berkshire, Yorkshire, Poland China u. a.

Folgende Zahlen, welche allerdings auf unbedingte Genauigkeit keinen Anspruch machen können und auch nicht sollen, werden die Vertheilung und die Anzahl des Viehes in den verschiedenen Theilen des La Plategebietes bestmöglichst veranschaulichen.

(In Tausenden ausgedrückt.)

	Rinder	Pferde	Merino- und feine Mestizo-schafe	Ordinäre Mestizos und rauhe Schafe	Ziegen
Uruguay	8,500	1,300	12,000	2,000	10
Provinz Buenos Aires	8,500	2,600	80,000	2,000	10
„ Santa Fé	1,300	300	2,500	1,000	5
„ Entre Rios	2,500	800	2,000	1,000	?
„ Corrientes	1,750	300	—	500	?
„ San Luis / „ Córdoba / „ Santiago	2,500	500	—	4,000	3,000
Sonstige Provinzen und Territorien Argentiniens	750	300	—	500	300
Paraguay	200	30	—	25	?
Total	26,000	6,130	96,500	11,025	3,325

Wenn man den Bestand an Vieh im Verhältniß zu der Einwohnerzahl in Betracht zieht, so kommen auf je 100 Einwohner etwa

in	Einwohnerzahl etwa	Rinder	Pferde	Merinos und feine Mestizo-schafe	Ordinäre Mestizos u. rauhe Schafe	Ziegen
Argent. Republik	3,100,000	560	155	2730	290	110
Uruguay	480,000	1770	270	2500	415	2
Paraguay	300,000	70	10	—	8	?

in	Einwohnerzahl etwa	Rinder	Pferde	Merinos und feine Mestizo-schafe	Ordinäre Mestizos u. rauhe Schafe	Ziegen
Gesammtes La Plata-gebiet	3,900,000	665	155	2475	285	?
Provinz Buenos Aires mit der Bundeshauptstadt	1,000,000	850	260	8000	200	1
Prov. Buenos Aires ohne die Bundeshauptstadt	700,000	1215	370	11430	285	1
Prov. Santa Fé	230,000	560	130	1090	435	2
„ Entre Rios	200,000	1250	400	1000	500	?
„ Corrientes	210,000	830	140	—	220	?
„ San Luis, „ Córdoba, „ Santiago	600,000	420	80	—	670	500
Sonstige Provinzen u. Territorien Argentiniens	860,000	90	35	—	55	35

Die Producte, welche die gesammten mehr wie 140 Millionen Stück Vieh zählenden Heerden des La Plategebietes liefern, werden entweder dort im Lande selbst consumirt und verwerthet wie z. B. der größte Theil des Fleisches, die Milch und deren Producte, eine Anzahl Häute und Felle zum Zwecke des Gerbens 2c. oder sie bilden die großen Stapelartikel des ganz bedeutenden Exportes jener Länder. Die Exportproducte der Rindviehzucht sind außer lebenden Thieren gesalzene und getrocknete Häute, Fleisch, sei es Salzfleisch oder in Blechdosen eingekochtes oder frisches in gefrorenem Zustande, Fleischextract, Talg, Hörner, Knochen, Knochenasche, Sehnen, Haarbüschel des Schwanzes, Blut und Därme; die Producte der Schafzucht, welche wie schon weiter oben erwähnt neuerdings den ersten Rang im Gesammtexport des La Plategebietes einnehmen, sind Wolle, Felle, Talg und in neuester Zeit frisches Fleisch in gefrorenem Zustande; die Producte der Pferdezucht sind lebende Thiere, gesalzene und getrocknete Häute, Haare, Oel; die der Ziegenzucht sind Ziegen- und Zickelfelle.

Auf den Estanzias werden, da die Hauptnahrung der Menschen in jenen Ländern, besonders im Unteren La Plategebiete aus Fleisch besteht, selbstverständlich eine große Anzahl Thiere für den Lokalconsum geschlachtet. In den Kampen mit pasto tierno consumirt man vorwiegend das Fleisch von Schafen und in den Kampen mit pasto fuerte fast ausschließlich Rindfleisch.

Die von den Estanzieros zum Zwecke des Schlachtens verkauften Thiere werden entweder in den Schlächtereien der größeren oder kleineren Städte, den mataderos, oder in den größeren und kleineren Exportschlächtereien, erstere saladeros, letztere graserias genannt, geschlachtet. Einige dieser Saladeros befassen sich mit der Fabrikation des neuerdings vielfach in Aufnahme gekommenen Fleischextractes. Die Mataderos der größeren Städte sind zweckmäßig eingerichtete mit den nöthigen Gebäuden 2c. versehene Etablissements; in den kleineren Städten und Ortschaften schlachtet man ohne mehr Einrichtungen als einen zum Empfang der Thiere bestimmten eingefriedigten Platz, den corral und einen zum Aufwinden der getödteten Thiere dienenden Galgen, einfach unter freiem Himmel. Die Häute der in den Mataderos geschlachteten Rinder werden in den größeren Städten zum Theil gesalzen, vorwiegend jedoch getrocknet.

Die Saladeros sind, mit Ausnahme desjenigen von Mocoretá in der Provinz Corrientes, derartig angelegt, daß die Verschiffung der in ihnen gewonnenen Producte möglichst bequem und billig bewerkstelligt werden kann. Sie arbeiten gewöhnlich im Sommer und Herbst, vom December bis April und Mai etwa, weil in diesen Monaten das Vieh meistens gutgenährt und die schlachtbaren Thiere daher am billigsten sind; in den Winter- und Frühlingsmonaten fällt es in der Regel sehr schwer, hinreichend schlachtbares Vieh für die städtischen Schlachtereien aufzutreiben. In einem solchen Saladero können pro Tag durchschnittlich 400—600 Stück Vieh geschlachtet werden; die Liebig'sche Fleischextractfabrik in Fray Bentos am Uruguay hat Einrichtungen um per Tag 1000—1200 Stück Hornvieh schlachten zu können, sie schlachtet jährlich etwa 150—175,000 Stück Vieh. Dieses vorwiegend mit englischem Kapital gegründete und betriebene Unternehmen hat im verflossenen Jahre 1884 einen Nettoüberschuß von 97 068 Pfund Strl. erzielt, welcher folgendermaßen verwandt worden ist:

$12\frac{1}{2}$ % Dividende für die Actionäre ..	Pfd.	St.	60 000
Reservefond	„	„	20 000
Tantiémen für die Directoren	„	„	10 060
Uebertrag auf das folgende Jahr	„	„	7 008
	Pfd.	St.	97 068

Das Directorium beabsichtigt an einem anderen Punkte des Unteren

La Plategebietes noch ein zweites ähnliches Etablissement anzulegen Auf allen diesen genannten Etablissements werden die Häute der geschlachteten Rinder gesalzen, ebenso, wenn kein Fleischextract gewonnen oder kein Fleisch in Blechdosen eingekocht wird, die größeren in Scheiben von ca. 2—3 cm Dicke zertheilten Fleischmassen, welche darauf an der Luft getrocknet und dann in der von mir früher schon beschriebenen Weise, als carne tasajo verschifft werden. Die Knochen mit den daran sitzenden kleineren Fleischmassen und die Fett enthaltenden Theile werden in große hölzerne Kufen oder Bottiche gepackt, in welchen vermittelst hineingeleiteter Wasserdämpfe der in jenen Theilen enthaltene Talg, ca 14 kg per Kopf, ausgeschmolzen wird. Dieser Talg wird in leere Weinfässer, Pipen oder Oxhofte gefüllt und dann nach Europa verschifft. Mit den auf diese Weise von Talg befreiten Fleisch- und Knochenresten werden dann die Oefen der Dampfkessel wieder geheizt.

Es existiren am La Plata an Saladeros

bei der Stadt Montevideo ...			12
an der linken Seite des Flusses Uruguay einschließlich der Liebig'schen Fleischextractfabrik in Fray Bentos			8
im Staate Uruguay total ...			20
in der Provinz Corrientes an dem Flusse Uruguay		1	
in der Provinz Entre Rios am Flusse Uruguay ...	6		
am Flusse Paraná einschließlich der Fleischextractfabrik des Dr. Kemmerich	6	12	
in der Provinz Santa Fé ...		1	
in der Provinz Buenos Aires am Flusse Paraná ...	4		
am rechten Ufer des La Plata ...	6		
beim Orte Tuyú im Süden der Provinz	2		
beim Orte Bahia Blanca im äußersten Süden ...	1	13	
in Argentinien total ...			27
im La Plategebiete total ...			47

Je nach Angebot und Nachfrage, sowohl hinsichtlich der Saladeroproducte, als auch des schlachtbaren Viehes, als auch des Geldes, des nervus rerum, sind die jährlichen Schlachtungen in diesen Saladeros mehr oder weniger umfangreich. Politische Ereignisse wie z. B.

Revolutionen ꝛc. sind, zumal im Staate Uruguay, nicht ohne Einfluß auf die Schlachtungen gewesen. In den letzten Jahren sind sie, weil in Folge der vielen Anleihen, wie schon mehrfach erwähnt, in Argentinien ein sehr flüssiger Geldstand herrschte, welcher die Estanzieros befähigte und veranlaßte, mit dem Verkaufe von schlachtbaren Thieren zurückzuhalten oder für dieselben zu hohe Preise zu fordern, nicht unerheblich zurückgegangen, vor allen Dingen durch die äußerst und beispiellos geringen Schlachtungen der Provinz Buenos Aires. In dem gegenwärtigen Jahre sind die Schlachtungen schon wieder größer geworden und es ist wohl mit Sicherheit anzunehmen, daß in Folge der starken Vermehrung des Viehes, welche auf den Hunderten und Hunderten von neuen auf den den Indianern abgenommenen Gebieten gebildeten Estanzias stattgefunden hat, in den folgenden Jahren die Schlachtungen noch bedeutender sein werden. Das dadurch bedingte starke Angebot der Saladeroproducte wird den Preis dieser Producte, namentlich den des Salzfleisches drücken, und daraus wird folgen, daß der Werth des Viehes, besonders des einheimischen unveredelten, dessen Fleisch für eine Verschiffung in gefrorenem Zustande nach Europa sich nicht eignet, in den nächsten Jahren kein hoher sein wird, es sei denn, daß abermals eine Gründerperiode stattfände, was für die nächsten Jahre jedoch wohl nicht zu befürchten ist.

Die Gesammtschlachtungen von Rindvieh — man rechnet 10 bis 15 % Kühe und 85 bis 90 % Ochsen — in den Saladeros am La Plata und in Rio Grande sind in den letzten 18 Jahren folgende gewesen:

(vom 1. October bis 30. September gerechnet und in Tausenden ausgedrückt.)

	1866/67	1867/68	1868/69	1869/70	1870/71	1871/72
Prov. Buenos Aires	488	486	614,5	685	375	328
An den Flüssen	445	630	577	687	743	870
Montevideo	410	311	248,5	271	236	207
Rio Grande	440	563	550	489	450	510
Total	1,783	1,990	1,990	2,132	1,804	1,915

	1872/73	1873/74	1874/75	1875/76	1876/77	1877/78
Prov. Buenos Aires	565	248	330	332	430	289
An den Flüssen	806	642	680	662	616,8	750
Montevideo	220	200	200	192	169,5	216
Rio Grande	477	340	400	428	375	458
Total	2,068	1,430	1,610	1,614	1,591,3	1,713

	1878/79	1879/80	1880/81	1881/82	1882/83	1883/84
Prov. Buenos Aires	322,8	226,5	182,2	187,5	154,3	88,4
An den Flüssen	593,5	720,5	594,7	769,6	651,3	739
Montevideo	177,7	210	210	217,4	262,5	342,6
Rio Grande	448	405	315	330	322	345
Total	1,542	1,562	1,301,9	1,504,5	1,390,1	1,515

Das in Rio Grande geschlachtete Vieh besteht zum großen Theile aus Thieren, welche aus den nordöstlichen Theilen des Freistaates Uruguay hinübergetrieben werden.

Bis zum 1. Juli d. J. sind total 1,629,000 Stück Vieh geschlachtet worden und es wird die diesjährige Schlachtung die größte werden, welche mit Ausnahme des Jahres 1877/78 seit 1873 stattgefunden hat.

Die Preise, welche die Saladeros für schlachtbare Thiere bezahlen können, sind in erster Linie bestimmend für den Werth des unveredelten Rindviehes und derjenigen Kampe, welche nicht zur Schafzucht und zum Ackerbau benutzt werden können. Werden die Preise für derartiges unveredeltes Vieh, wie solches sehr wahrscheinlich ist, in den nächsten Jahren niedrige sein, so werden auch die Ländereien mit pasto fuerte nothgedrungen ihren in der so eben beendigten Gründerperiode künstlich erhaltenen Werth wieder verlieren und der Traum der Eigenthümer, doppelt und dreifach so reich zu sein als früher, und in Folge dessen auch doppelt und dreifach soviel verbrauchen zu können wie früher, wird sein Ende erreichen. Ich wüßte wenigstens keinen vernünftigen und stichhaltigen Grund, weßhalb ein Stück Land, welches weder mehr noch werthvollere Producte liefert als früher, jetzt einen höheren Werth haben sollte, besonders da die auf dem Lande lastenden Abgaben sowie anderweitige Steuern in Folge der großen Schuldenlast, in welche sich die argentinische Republik in den letzten Jahren leichtsinnigerweise gestürzt hat, ganz erheblich höhere sein werden als in vergangenen Zeiten.

Folgende Preisangaben und einfache Berechnungen dürften für Personen, welche sich für landwirthschaftliche Unternehmungen, Estanzias 2c. und die für die Anlegung resp. Erwerbung solcher Etablissements günstigen Perioden interessiren, einige Anhaltspunkte bieten und von Werth sein. Es muß vorausgeschickt werden, daß die Preise früher in reales fuertes (8 reales fuertes bilden 1 peso fuerte = 4,25 Mark) notirt wurden und erst in neuerer Zeit in reales nacionales (8 = 1 peso nacional = 4,10 Mark) notirt werden.

Von den drei hauptsächlichsten Saladeroproducten, Salzhäuten, Salzfleisch und Talg ist das Fleisch, wie früher schon erwähnt, den größten Preisschwankungen unterworfen gewesen, weniger groß sind solche bei den Häuten und am geringsten beim Talg. In der Mitte der funfziger Jahre war der Preis des Salzfleisches 50—56 rls. fts. per spanischen Centner von 46 kg, ging dann mit den größeren Schlachtungen allmählig hinunter bis auf 16—20 rls. fts., auf welchem Standpunkte er sich viele Jahre hielt. Im Jahre 1868 erreichte er dann den mir bekannten niedrigsten Standpunkt von 12 rls. fts., stieg von da an allmählig, wenn auch unter Schwankungen, bis er in den Jahren 1879 bis 1882 wieder seinen höchsten Standpunkt erreichte. Man notirte während dieser Zeit je nach Qualität 43—62 rls. fts. Im Laufe des Jahres 1882 begannen die Preise wieder zu weichen und waren im Anfang d. J. auf 25—26 rls. fts. für geringere Qualität (Cuba) und auf 36—37 rls. fts. für bessere Qualität (Brasilien) angelangt.

Bei Salzhäuten ist der Preis per pesada von 60 Pfund spanisch (ca. 27,50 kg). Gesalzene Ochshäute wiegen durchschnittlich 62—67 Pfund und Kuhhäute 47—51 Pfund spanisch, so daß sich, wenn man bei den Schlachtungen 10—15 % Kühe annimmt, das Durchschnittsgewicht der Salzhäute auf reichlich 60 Pfund spanisch stellt. Ochshäute werden ihrer Dicke und Festigkeit wegen stets theurer, etwa 2—10 % höher bezahlt wie Kuhhäute, ferner sind die Häute aus der Provinz Buenos Aires werthvoller als die aus Uruguay, Entre Rios ꝛc. Der höchste der mir erinnerlichen Preise ist 60 rls. fts. für Kuhhäute in 1873 und 63 rls. fts. für Ochshäute in 1875 gewesen. Seit der Zeit sind die Preise, freilich unter Schwankungen, wieder gewichen. In den Jahren 1879 und 1881 notirte man 50—51 rls. fts. für Ochs- und 44—46 rls. fts. für Kuhhäute, in dem dazwischen liegenden Jahre 1880 55—56 rls. fts. für Ochs- und 53—54 rls. fts. für Kuhhäute aus der Provinz Buenos Aires. In dem gegenwärtigen Jahre sind die Preise bis auf ca. 48—45 rls. fts. für Ochshäute gewichen. Die Preise für Talg haben sich mit wenigen Ausnahmen stets zwischen 13 bis 15 rls. fts. per arroba von 25 Pfund span. = 11½ kg bewegt. Wenn man nun weiß, daß die Thiere gewöhnlich in dem Alter von etwa 2½ Jahren geschlachtet werden, daß ein solches Thier im Durchschnitt nur 1⅛ span. Centner Salzfleisch und 1⅛ Arroba Talg liefert und daß die Unkosten für Schlachten, Salzen, Trocknen ꝛc. sich auf ca. 3,60 pes. fts. per Kopf belaufen, so wird sich der Werth eines solchen 2½jährigen Thieres leicht ermitteln lassen. Ich will drei Berechnungen machen, eine zu sehr hohen, eine zu mittleren und eine zu niedrigen Preisen.

I.

Der Werth der Haut		63 rls.
„ „ von 120 Pfd. Salzfleisch á 60 rls. pr. 100 Pfd.		72 „
„ „ „ 30 Pfd. Talg à 15 rls. per arroba		18 „
„ „ „ Hörnern, Knochen, Haaren, Sehnen ꝛc.		4 „
Total		157 rls.
	= pes. fts.	19.62
Unkosten	„ „	3.60
Netto	pes. fts.	16.02

II.

Der Werth der Haut		54 rls.
„ „ von 120 Pfd. Salzfleisch à 35 rls. per 100 Pfd.		42 „
„ „ „ 30 Pfd. Talg à 14 rls. per 25 Pfd.		17 „
„ „ „ den Nebenprodukten		3 „
Total		116 rls.
	= pes. fts.	14.50
Unkosten	„ „	3.60
Netto	pes. fts.	10.90

III.

Der Werth der Haut		44 rls.
„ „ von 120 Pfd. Salzfleisch à 16 rls. per 100 Pfd.		19 „
„ „ „ 30 Pfd. Talg à 13 rls. per 25 Pfd.		16 „
„ „ „ den Nebenproducten		3 „
Total		82 rls.
	= pes. fts.	10.25
Unkosten	„ „	3.60
Netto	pes. fts.	6.65

Bei vier- und fünfjährigen oder besonders gutgenährten Thieren stellt sich die Ausbeute selbstverständlich erheblich höher, derartige Thiere werden von den Saladeros auch dementsprechend besser bezahlt. Nach diesen kleinen Rechnungen dürfte man also bei einer ausschließlich mit Rindviehzucht sich befassenden Estanzia im Durchschnitt auf keine höhere Verkaufspreise als 10—11 pes. fts. für $2^1/_2$jährige Thiere rechnen und in Folge dessen auch für den Einkauf nicht mehr wie $5—5^1/_2$ pes. fts. für Vieh in Heerden (al corte) zahlen.

In den Wintermonaten, in welchen die Weiden in Folge der Nachtfröste mitunter sehr schlecht werden, die Thiere auch außer diesen Fröſten und schlechten Weiden oftmals bedeutend durch kalte Regen, temporales, leiden und meistens sehr abmagern, hält es häufig schwer, unter den vielen Millionen Stück Vieh schlachtbare Thiere für die städtischen Schlachtereien aufzutreiben und die Preise für solche Thiere sind dann begreiflicherweise ganz bedeutend höhere. Man bezahlt dann für $2^1/_2$ bis 3jährige Thiere 16—20 und für ältere, größere und fette 20—25 pes. fts. und stellenweise noch mehr. Leute, deren Ländereien sich zur Winterzeit in einem guten Zustande befinden, pflegen häufig im Herbste und im Anfang des Winters magere Ochsen zu kaufen, um sie auf ihren guten Weiden fett werden zu lassen und, wenn solches gelingt, im Winter und Frühjahr an die städtischen Schlachtereien zu verkaufen. Man nennt solches System „invernar".

Die für den Export arbeitenden Schlächtereien geringeren Umfanges, die graserias, befassen sich selten mit dem Schlachten von Rindvieh, sondern gewöhnlich mit dem von Schafen, Hämmeln und Stuten resp. Pferden, mit welchen Thieren sich die Saladeros wieder in geringerem Grade beschäftigen. Diese graserias arbeiten auch nicht regelmäßig in jedem Jahre, sondern gewöhnlich in den Perioden, in welchen eine starke Vermehrung der Thiere stattgefunden hat, viele Verkäufer und wenige Käufer für die Thiere existiren und in Folge dessen die Preise der betreffenden Thiere, besonders die der Schafe und Hämmel stark weichen. Die Felle der Schafe resp. Hämmel werden getrocknet, die von den Eingeweiden befreiten Cadaver werden in die genannten Kufen gepackt und der Talg vermittelst Wasserdämpfe ausgeschmolzen. Man rechnet bei einem einigermaaßen fetten Hammel der Merinowollrassen auf 18—20 Pfd. Talg. Man hat lange Jahre hindurch für die graserias $2—2^1/_5$ pes. fts. für Hämmel mit $^1/_2—^3/_4$ Wolle bezahlt, in neuerer Zeit, in welcher die Preise für Wolle und auch für Talg zurückgegangen sind, bezahlt man jedoch 20—30 % weniger. Von den Stuten resp. Pferden werden die Häute gesalzen, die Fett enthaltenden Theile werden ausgedampft, bei welchem Verfahren man ein sehr feinflüssiges und in hölzernen Gebinden schlecht versendbares Oel erhält und die großen kein Fett enthaltenden Muskelmassen werden an Schweine verfüttert. Der Werth für gesalzene Pferdehäute von 35 Pfd. ist gewöhnlich zwischen 13—18 rls. fts. per Stück gewesen, in neuerer Zeit ist er jedoch erheblich gestiegen bis auf 23 rls. Das Pferdeöl ist etwa 15—20 % weniger werth als das Rinder= und Hammelfett. Schlachtbare Stuten sind je nachdem mit 4—7 pes. fts. bezahlt worden.

Von diesen graserias existiren

im Staate Uruguay		9
sämmtlich am Flusse Uruguay und dessen Nebenflüssen belegen.		
in der Argentinischen Republik		
in der Provinz Entre Rios	8	
" " " Buenos Aires	21	29
Total		38

Die meisten der dortigen Landesproducten, als Wolle, Schaffelle, trockene Rinder= und Pferdehäute, andere Felle, Haare, Straußenfedern werden in den barracas aufgekauft und zum Verschiffen fertig gemacht. Diese barracas liegen an den Eingängen resp. Außenrande der Städte und Ortschaften, besonders der Hafenplätze, in der Nähe der Eisenbahnstationen u. s. w. In ihnen werden die Wolle und Haare classirt und emballirt, Schaf=, Ziegen= und andere Felle werden classirt, zum Schutze gegen Wurmfraß vergiftet und emballirt, trockne Häute werden gereinigt, von den Afterklauen, Ohren, Schnauzen 2c. befreit und vergiftet, Ballen und Häute werden gemarkt und dann am Bord des betreffenden Seeschiffes oder eines Leichters gesandt.

Die Lösung des Problems, das Fleisch der nach Millionen zählenden Heerden besser zu verwerthen als es zu salzen und an der Luft zu trocknen, hat seit einer Reihe von Jahren eine Anzahl Personen beschäftigt. Man hat das Fleisch auf verschiedene Weise chemisch präparirt, man hat es in Fett eingetaucht, man hat Thiere lebend nach Europa gesandt u. s. w. aber alle diese Methoden haben sich nicht als ausführbar und praktisch erwiesen. Schließlich versuchte es eine französische Compagnie, frisches Fleisch in gefrorenem Zustande zu verschiffen. Im Jahre 1878 kam ein kleiner Dampfer, der „Frigorifique", welcher eine Maschine und Vorrichtungen zur Erzeugung kalter trockener Luft an Bord hatte und einen mit schlechten Wärmeleitern umgebenen Laderaum eingerichtet hatte, nach dem La Plata, um frisch geschlachtete Hämmel zu laden. Die Thiere wurden in einem

Saladero bei San Nicolas im Norden der Provinz Buenos Aires am Paraná geschlachtet und daselbst verladen. Die Ueberführung dieses Fleisches in gutem brauchbarem Zustande gelang vollkommen, das Geschäft ließ jedoch in finanzieller Hinsicht keine Rechnung und der Dampfer kam nicht wieder. Im nächstfolgenden Jahre 1879 versuchte abermals eine französische Gesellschaft das Problem zu lösen und sandte den Dampfer „Paraguay", welcher Einrichtungen nach einem anderen System getroffen hatte, um ebenfalls in San Nicolas Hämmel zu laden. Dieser Dampfer hatte das Mißgeschick bei den Inseln des grünen Vorgebirges eine nicht unbedeutende Havarei zu machen, welches ihn zum Zwecke der Reparatur einige Zeit lang zurückhielt. Das Fleisch blieb jedoch in vollkommen gutem Zustande und wurde später in England zu 4½ d per Pfund verkauft. Auch dieser Versuch, wenn er auch die Möglichkeit, das Fleisch in gutem brauchbarem Zustande überzuführen, aufs Neue bewies, ergab in finanzieller Hinsicht einen Verlust und für eine geraume Zeit ruhten die Versuche. Die inzwischen in Australien und Neu-Seeland gemachten Verschiffungen von gefrorenem Fleisch gaben jedoch bald wieder eine Anregung zu neuen Unternehmungen in dieser Hinsicht und diesmal war es eine englische Gesellschaft unter dem Vorsitze eines Herrn Drabble, eines mit den La Plata-Verhältnissen sehr vertrauten Kapitalisten, welche ganz bedeutende Mittel aufbrachte, um das Geschäft mit Nachdruck zu betreiben. Diese Gesellschaft wanderte nun nicht nach deutscher Art in die möglichst abgelegenen Wildnisse, wo das Land äußerst billig ist und wo man es am liebsten geschenkt erhält, sondern sie erwarb ein großes Grundstück im Norden der Provinz Buenos Aires, bei dem Flecken Campana am rechten Ufer des Flusses Paraná, wo eine Verschiffung bequem und billig zu bewerkstelligen ist, für einen Preis, der bis dahin für derartige Ländereien noch nicht angelegt worden war. Wenn ich nicht irre, so bezahlte sie 140 pes. fts., also ca. 590 ℳ. per Hektar. Mr. Drabble wollte in erster Linie die hohen Unkosten des Transportes verringern, und zu diesem Zwecke wurden die Cadaver der geschlachteten Thiere nicht wie bisher erst an Bord des Dampfers selbst in den gefrorenen Zustand gebracht, sondern es wurde am Lande in Verbindung mit dem Schlachthause ein mit den nöthigen Maschinerieen ꝛc. versehenes Gebäude errichtet, in welchem das Fleisch in der daselbst erzeugten kalten und möglichst trocknen reinen Luft — ohne Anwendung von Eis — in den erforderlichen gefrorenen Zustand gebracht wird. Wenn ich recht unterrichtet bin, so wird die dort befolgte Methode nach ihrem Erfinder „System Haslam" benannt. Ist die für einen Oceandampfer berechnete Anzahl Hämmel, ca. 13—15000 Stück zum Verschiffen fertig, so werden sie vermittelst eines kleinen der Gesellschaft gehörenden Dampfers nach dem auf der Rhede von Buenos Aires liegenden Oceandampfer befördert, welcher letztere dann die Ladung nach England überbringt und sie dort am Bestimmungshafen, z. B. London, an ein dort für diesen Zweck errichtetes Eisdepot abliefert. Beide Dampfer haben selbstverständlich einen für diesen Zweck eingerichteten Laderaum und die nöthigen Maschinerieen um das Fleisch in dem befindlichen kalten Zustand zu erhalten. Nachdem das Etablissement bei dem Orte Campana dem Betriebe übergeben war, hat dieselbe Gesellschaft ein gleichartiges bei dem Orte Colonia im Staate Uruguay, am linken Ufer des La Plata der Stadt Buenos Aires gegenüber angelegt.

Nachdem beide Anlagen fertig gestellt waren, trachteten auch andere Kreise danach dieses Geschäft der Ausfuhr frischen Fleisches, welches Problem seit vielen Jahren von einer großen Anzahl Personen zu lösen versucht war, auszubeuten. Ein Herr Terrasson, Inhaber eines bedeutenden Producten- und Exportgeschäftes in der schon früher genannten Stadt San Nicolas am Paraná, gründete Ausgangs des Jahres 1883 eine Gesellschaft, um in der Nähe jener für die directe Verschiffung an Bord eines Oceandampfers günstig gelegenen Stadt eine Eisfactorei zu errichten. In dem darauf bezüglichen Prospectus sagt er, daß das Geschäft alle Aussicht habe, lebensfähig zu sein und ein lohnendes zu werden, jedenfalls könne man am La Plata wegen der geringeren Entfernung vom Consummarkte mit den anderen beiden in diesem Artikel concurrirenden Ländern, Australien und Neu-Seeland, mit Erfolg concurriren; der Unterschied in der Fracht nach England für jede 25 Pfd. Fleisch zwischen Australien und dem La Plata betrage 30—32 cents fts. — nach deutschem Gelde ca. $1^1/_4$—$1^1/_3$ ℳ. — zu Gunsten des La Plata. Der Werth des vom La Plata nach England gesandten Hammelfleisches sei dazumal in London $4^1/_4$—$4^1/_2$ d per Pfd. und angenommen, man kaufe am La Plata einen Hammel mit $^3/_4$ Wolle zu 2 pes. fts. auf der Estanzia, so ergebe sich folgende Kalkulation:

Kostenpreis des Thieres auf der Estanzia	pes. fts.	2.—
Unkosten für Einkauf, Treiberlohn, Schlachten, Verschiffen ꝛc. und Verlüste.........	„ „	—.40
Kostenpreis total	pes. fts.	2.40

Werth des Talges	pes. fts. 0.40	
„ des Felles mit $^3/_4$ Wolle	„ „ 0.80	pes. fts. 1.20
Einstandspreis des Fleisches		pes. fts. 1.20
oder in englischem Gelde		60 d
Das Thier wiegt ausgeschlachtet im Durchschnitt 40 Pfd., folglich kostet ein Pfd. Fleisch		$1^4/_8$ d
Dazu kommen		
Fracht nach Europa		$1^3/_8$ „
Gewichtsverlust, Ablieferungsspesen, Miethe eines Eis-depots in London, Commissionen ꝛc.		$^6/_8$ „
Der Einstandspreis in London würde also sein		$3^5/_8$ d
Der Verkaufspreis in London ist, niedrig gerechnet ..		$4^2/_8$ „
Folglich Verdienst per Pfund		$^5/_8$ d

Ich bin nicht im Stande zu beurtheilen, ob die Unkosten der Fracht, des Löschens und des Verkaufs in London mit $2^1/_8$ d per Pfd. richtig bemessen sind; der Einkaufspreis des Fleisches dürfte mit $1^1/_2$ d wohl nicht zu niedrig veranschlagt sein, denn wenn dortige Hämmel und Schafe im Durchschnitt auch schwerlich 40 Pfund ausgeschlachtet wiegen, sondern nur 32—36 Pfd. und der Preis des Schaffelles mit 80 cts. fts. auch als durchschnittlicher Werth etwas hoch gerechnet ist, so ist dafür der jetzige Einkaufspreis für lebende Thiere ungefähr 20 bis 25 % billiger wie angenommen, etwa pes. fts. 1,50 bis 1,60 per Kopf.

Herr Terrasson war der Meinung, daß es das Richtigste sein würde nur den Hintertheil des Thieres als den die werthvollsten Fleischmassen enthaltenden Theil zu verschiffen und aus dem Vordertheil nur den Talg zu gewinnen. Das Anlagekapital für diese Eisfactorei in San Nicolas ist auf 200,000 pes. nacionales, also ca. 800,000 *M.* und das Betriebskapital zu 50,000 pes., ca. 200,000 *M.* veranschlagt. Das System der Kälteerzeugung ist ein deutsches, System „Linde," welches dort im Lande zum Zwecke der Eiserzeugung schon anderweitig angewandt worden ist und gute Resultate gegeben hat. Diese Eisfactorei in San Nicolas ist im Jahre 1884 angelegt und neuerdings in Betrieb gesetzt worden.

Es haben sich später noch mehrere Gesellschaften gebildet, um derartige Eisfactoreien zu gründen, eine im Orte Barracas bei der Stadt Buenos-Aires und eine andere im Süden der gleichnamigen Provinz. Das im Orte Barracas gegründete Unternehmen hat im Monat Juni d. J. seine erste Sendung von 8000 Hämmeln mit dem Dampfer Hesperides nach England expedirt.

Das finanzielle Resultat dieser Verschiffungen ist bis jetzt nun im Durchschnitt noch kein günstiges gewesen. Die Schuld an diesem Ergebniß liegt in erster Linie an dem Umstande, daß die Qualität des Fleisches an und für sich für den speciell englischen Markt wenig paßt. In England will man Fleisch von großen rauhwolligen Schafen haben, welche Thiere über 60 Pfd. und, wenn möglich ca. 80 Pfd. ausgeschlachtet wiegen sollen; der La Plata kann solches Fleisch jedoch nur in beschränktem Maaße liefern. Am La Plata züchtet man, wie ich schon auf Seite 8 erwähnt habe, fast ausschließlich auf Wolle, und das Merinowollschaf hat kein solches Gewicht. Man hat in London für kleine Parthieen Fleisch von großen schweren Fleischschafen und deren Abkömmlinge 5½ d per Pfd. erhalten, für das Fleisch von großen und etwas grobwolligen Rambouillet ꝛc. 4½ d, für das von mittelgroßen Thieren mit mittelfeinen Wollen 4 d und für das von kleinen und feinwolligen Thieren auch nur 3½ d. In zweiter Linie muß man berücksichtigen, daß die Schafe am La Plata mit Ausnahme der Stammheerden auf den größeren Estanzias und der eigentlichen Stammschäfereien nur auf die natürlichen Weiden angewiesen sind, gewöhnlich den größten Theil des Jahres sich in einem ziemlich mageren Zustande befinden und in Folge dessen dann nicht fähig sind, einen schönen saftigen Braten zu liefern. Diesem letzteren Uebelstande ließe sich freilich sehr leicht dadurch abhelfen, daß man auf den Estanzias von der extensiven Wirthschaftsweise zu einer intensiveren übergeht und Luzernefelder anlegt, um den Thieren sowohl im Falle der Noth und des absoluten Futtermangels als auch zu Zeiten großer Nässe und Durchfall verursachenden allzu wässerigen Futters ein nahrhaftes Futter bieten zu können. Dann könnte man nicht allein stets schlachtbare Thiere haben, sondern man würde auch im Durchschnitt einen besser genährten und größeren Schlag heranbilden, welcher im Stande wäre, Thiere von 40 Pfd. Schlachtergewicht und darüber zu liefern. Jedenfalls wird die Frage des Fleischexportes, wenn sie auch wohl schwerlich bewirkt, daß am La Plata das Wollschaf durch das Fleischschaf förmlich verdrängt wird, auf die Zuchtrichtung und Wirthschaftsweise einen nicht unerheblichen Einfluß ausüben. Der Export von diesem gefrorenen Fleische nimmt trotz der bis jetzt wenig befriedigenden Resultate zu, und man versucht, wenn auch mit Opfern, durch regelmäßige Lieferungen dem Fleische nach und nach auf dem englischen Markte mehr Eingang zu verschaffen und das Publikum an den Genuß desselben zu gewöhnen. Das von Herrn Drabble gegründete Unternehmen soll im Jahre 1884 eine Unterbilanz von 500,000 M. gehabt haben, läßt sich dadurch aber nicht im Mindesten entmuthigen. Wir Deutschen bezeichnen ein solches Verfahren, ein derartiges zähes und energisches Verfolgen einer gefaßten Idee und eines begonnenen Unternehmens bekanntlich gerne mit dem Ausdruck „englischer Krämersinn" und „englische Krämerpolitik", sprechen aber, wenn es hier in Deutschland gelingt, nach jahrelanger Agitation mit Ach und Krach 2—300,000 M. für ein sehr bescheidenes überseeisches Unternehmen zusammenzubringen, in allen Zeitungen und zu der ganzen Welt vom Unternehmungsgeist des deutschen „Großkapitals."

Man hat von diesem gefrorenen Fleische nach England verschifft.

	in 1883		in 1884.	
vom La Plata aus............	17,165		108,823	Hämmel.
von Australien aus............	63,733		111,745	„
von Neuseeland aus...........	120,893		412,349	„
zusammen	201,791	und	632,917	Hämmel.

Der Import von diesem Artikel in England betrug im letzten Jahre also schon mehr wie das dreifache des Importes in 1883 und scheint in dem gegenwärtigen Jahre noch bedeutendere Dimensionen annehmen zu wollen. Von den verschiedensten Seiten hat man auch angefangen Fleisch und Zungen nach verschiedenen Systemen in Blechdosen einzukochen, auch hat man versucht, das Fleisch zu trocknen und zu Mehl zu zerreiben, um es als Fleischpulver unter dem Namen Carne pura zu verwerthen. Von einer französischen Gesellschaft, welche angeblich einen Contract mit der französischen Regierung abgeschlossen hat, um bedeutende Quantitäten Fleischconserven, man sagt 8 Millionen kg pro Jahr, für das französische Heer zu liefern, ist neuerdings eine Fleischconservenfabrik in größerem Style bei der Stadt Concordia in Entre Rios am Flusse Uruguay, der uruguayischen Stadt Salto gegenüber, angelegt worden. Genannte Fabrik soll in dieser soeben beendigten Saison 30 000 Blechdosen mit Conserven fertig gestellt und nach Frankreich verschifft haben.

Was die von mir auf Seite 9 erwähnten von Engländern gemachten Versuche mit dem Exporte frischen Rindfleisches in gefrorenem Zustande anbetrifft, so ist wenig Zuverlässiges über die erzielten Resultate bekannt geworden. Es hieß, daß man 6 d per Pfd. erhalten hätte, was wohl als Durchschnittspreis zu bezweifeln ist. Man scheint jedenfalls überzeugt zu sein, daß das grobfaserige Fleisch der dortigen einheimischen Rinder nicht exportfähig ist, sondern nur das Fleisch von veredeltem und gutgenährtem Vieh, in erster Linie Abkömmlinge von Shorthorns. In allerneuester Zeit ist am La Plata ein Engländer aufgetaucht, welcher den Export frischen Rindfleisches in größerem Maaße betreiben will, und welcher Preise für Rindvieh anzulegen gesonnen ist, die den Einkaufspreis für das Fleisch allein auf ca. 2 d per Pfd. bringen. Er will jedoch nur veredelte Thiere von 4 Jahren aufwärts kaufen, welche mindestens 450 Pfd. Fleisch liefern und wo möglich in Luzernefeldern fettgemacht sind. Wie mir der Eigenthümer einer größeren, in der argentinischen Provinz Santa Fé belegenen deutschen Estanzia mittheilte, können diese Bedingungen erfüllt werden. In den auf erwähnter Estanzia befindlichen momentan ca. 2500 Hektare umfassenden Luzernefeldern fettgemachte Rinder von 3 Jahren liefern durchschnittlich 400 Pfd. Fleisch, solche von 4 Jahren mindestens 450 und von 5 Jahren 550 Pfd. und ein entsprechendes Quantum Fett. Wenn man dagegen in Betracht zieht, daß die $2\frac{1}{2}$ jährigen Thiere einheimischer Rasse, wenn sie auch eine kräftige und werthvolle Haut besitzen, nur ca. 275 Pfd. grobfaseriges Fleisch und wenig Fett liefern, so muß der Vortheil der Veredelung und der bessern Pflege doch einem Jeden einleuchten.

Es ist unglaublich, wie nachlässig man in früheren Zeiten, in welchen an Veredelung nicht im Entferntesten gedacht wurde, im Betriebe einer Estanzia war und in vielen Gegenden heute noch ist. Einfriedigungen außer einigen ganz unbedeutenden zum Schutze der in unmittelbarer Nähe der Gehöfte befindlich Baumanpflanzungen, Mais- und Luzerenfelder 2c. angelegten existirten nicht, das Vieh der verschiedensten Eigenthümer, wenngleich durch Brandmale gekennzeichnet, weidete sehr häufig eindurcheinander, an irgend eine Blutauffrischung wurde nicht im Entferntesten gedacht. Man behielt sogar regelmäßig die schlechtesten Typen zur Zucht, denn das beste Material suchten die Schlächter bei ihren Einkäufen, zu welchem die Estanzieros den ganzen Viehstapel zusammentreiben ließen, selbstverständlich heraus. Hinsichtlich des Trinkwassers waren die Thiere, wenn kein Fluß oder Bach zu erreichen war, auf das in den flachen Lagunen sich ansammelnde mitunter faulige, schmutzige und gesundheitsschädliche Regenwasser angewiesen. In neuerer Zeit sind in dieser Hinsicht nun großartige Veränderungen eingetreten. Man hat unter Aufwand von ganz bedeutenden Unkosten einen großen Theil der Grundstücke mit Pfählen und Draht, zuerst Eisen- und neuerdings Stahldraht, nicht nur eingefriedigt, sondern auch in verschiedene Unterabtheilungen getheilt, um nicht allein das eigene Vieh von demjenigen der Nachbarn zu trennen, sondern auch das Jungvieh, das Zuchtvieh und die zum Verkauf bestimmten Thiere für sich gesondert zu halten und hat, wie schon mehrfach erwähnt, zum Zwecke der Veredelung zahlreiches Zuchtmaterial aus Europa importirt und auch dort gezüchtet. Ferner hat man mit Schöpfapparaten versehene Brunnen angelegt, um den Thieren reines, kalkhaltiges, frisches und gesundes Trinkwasser zu geben. Westlich vom Flusse Paraná findet man sehr häufig Brunnen mit mehr oder weniger salzhaltigem Wasser, mitunter nahe bei Brunnen mit süßem Wasser. Ein schwacher Salzgehalt des Wassers ist dem Viehzüchter sehr erwünscht, wird dieser Salzgehalt jedoch ein zu starker, wie an vielen Stellen im äußersten Süden der Provinz Buenos Aires, im Nordwesten der Provinz Santa Fé an der Grenze der Provinz Santiago und anderen Stellen des centralen Steppengebietes, so sind solche Brunnen und derartige Kampe für Viehzucht nicht zu gebrauchen. Das Anlage- und Betriebskapital einer Estanstanzia wird durch diese neuen Einrichtungen allerdings ganz bedeutend erhöht, der Betrieb jedoch übersichtlicher, sicherer, geordneter und rentabler, es wird auf diese Weise überhaupt erst ein Betrieb. Bei der früheren Wirthschaft war vor allen Dingen von einem Züchtungssystem gar keine Rede, durch Diebstahl und Verlaufen erwuchsen mitunter große Verlüste und man hatte sehr häufig noch den Uebelstand, daß Nachbarn, welche ein winziges Stückchen Kamp aber viel Vieh besaßen, den ihnen nicht gehörenden Kamp benutzten, um ihr Vieh darauf weiden zu lassen. Bei der jetzigen Methode der Einfriedigungen ist man im Stande, die weiblichen Thiere in einem gewissen Alter abzusondern, sie nicht mehr zur Zucht zu benutzen und, wenn in schlachtbarem Zustande, etweder selbst zu schlachten oder an einen Schlachter zu verkaufen, ehe die Thiere zu alt werden, keinen Nutzen mehr gewähren und sterben. Bei dem jetzigen System kann man einzelne Abtheilungen seines Kampes, sogenannte potreros mit Futterkräutern besäen, um die zum Verkauf bestimmten Thiere zu mästen. Die in jenem Klima und in jenem Boden am besten gedeihende Futterpflanze ist die schon mehrmals genannte Luzerne, dort zu Lande alfalfa genannt. Dieselbe ist nach meiner Ansicht die dankbarste und werthvollste Kulturpflanze im Unteren La Plategebiete und wird bei dem zukünftigen intensiveren Estanziabetriebe jedenfalls eine große Rolle spielen. Sie gedeiht im Unteren La Plategebiete, wo nicht gerade felsiger oder zu nasser Untergrund oder auch stehende Nässe den Anbau verhindert oder wenigstens erschwert, ganz ausgezeichnet, widersteht vermöge ihrer langen Wurzeln anhaltenden Dürren, giebt auch bei solchen, da sie bei ihrem dichten Stande den Boden stark beschattet und denselben daher lange feucht erhält und, wenn man sie nicht gerade auf sehr hochgelegenen und so wie so trockenen Terrains angesäet hat, noch ganz leidliche Erträge. Sie liefert in jedem Jahre wenigstens drei und sehr häufig vier Schnitte, eignet sich jedoch nicht überall um durch Vieh abgeweidet zu werden. In den in der Nähe des Paraná und La Plata belegenen Theilen der Provinzen Buenos Aires und Santa Fé kann man, so viel ich weiß, die dortigen Luzernefelder nicht durch Vieh abweiden lassen, weil die Pflanze sich dann allmählich verliert, besonders wenn der Boden feucht und weich ist und in diesem Zustande von den Thieren zerstampft und zerknetet wird. Weiter westwärts, westlich vom 61. Breitengrade westlicher Länge von Greenwich, wo der Boden weniger Thon- und Kalkgehalt hat, daher im Allgemeinen poröser und durchlassender ist als in der Nähe des Paraná und des La Plata, kann man die Luzernefelder unbeschadet durch Vieh abweiden lassen. Auf den in dortiger Gegend befindlichen Estanzias, unter diesen vorwiegend englische aber auch eine Anzahl deutsche, sind in letzter Zeit große Luzernefelder zum Zwecke der Mast angelegt worden. Die großartigsten Anlagen dieser Art befinden sich auf der deutschen Estanzia „Germania“ ca. 40 km nördlich von der Eisenbahnstation Canada de Gomez belegen, welche Estanzia augenblicklich über 2500 Hektare mit Luzerne besäet und überhaupt den Antrieb zu den großen Luzernekulturen in jener Gegend gegeben hat. Ein Luzernefeld in jenen Ländern dauert 15 bis 20 Jahre und liefert auf einigermaaßen guten Feldern bei jedem Schnitte ca. 3000 kg trockenen Futters per Hektar. Die in jenen Ländern nicht selten auftretenden und eine sehr fühlbare Plage bildenden Wanderheuschrecken fügen diesen Luzernefeldern im Gegensatze zu anderen Saaten und Anpflanzungen verhältnißmäßig geringen Schaden zu, weil sie diese Pflanze sonderbarerweise nur in der Blüthezeit angreifen, sonst jedoch meistens verschonen. Wird ein Luzernefeld auch wirklich einmal von einem Heuschreckenschwarme abgefressen, so ist der angerichtete Schaden, wenn auch immerhin ein fühlbarer, doch kein großer, denn wenn der Boden nur die nöthige Feuchtigkeit hat, so liefert das Feld nach 5 bis 6 Wochen schon wieder einen neuen Schnitt, ohne daß man gezwungen wäre, wie bei anderen Feldfrüchten ꝛc. von Neuem zu pflügen, zu säen ꝛc. Es wäre von Wichtigkeit, für die einen schwereren Boden besitzenden Gegenden, wo die Luzernefelder sich für den Weidegang nicht eignen, eine oder mehrere passende Weidepflanzen ausfindig zu machen, und man muß sich wundern, daß in dieser Hinsicht noch Nichts versucht und gethan worden ist. Diese neu einzuführenden Weidepflanzen müßten vor allen Dingen tiefwurzelnde Pflanzen sein, welche im Stande sind, den in jenen Ländern so häufigen und anhaltenden Dürren zu widerstehen.

Was die so wichtige Frage des Werthes der dortigen Grundstücke anlangt, so ist über diesen Punkt speciell jetzt, da am La Plata eine bis dahin beispiellose Gründerperiode geherrscht hat und da man für Grundstücke und Häuser wie auch für Vieh ganz unsinnige mit dem wirklichen Nutzwerthe in gar keinem Verhältnisse stehende Spekulations- und Gründerpreise gezahlt hat, (siehe Seiten 4, 5 und 15) sehr wenig zu sagen. Wie alles auf dieser Welt, so ist der Werth eines Grundstückes auch sehr relativ. Die Menge und der Werth der gewonnenen Producte, der jeweilige im Lande herrschende flüssigere oder knappere Geldstand, das Verhältniß zwischen Angebot und Nachfrage, die größere oder geringere Sicherheit sowohl für Leben und Eigenthum als auch der Besitztitel des Landes ꝛc. ꝛc. üben einen sehr großen Einfluß auf den Werth desselben aus. Es war natürlich und erklärlich, daß nach der Vertreibung der Pampasindianer die früher den Einfällen und Raubzügen dieser Indianer ausgesetzt gewesenen und daher geringwerthigen Kampe wegen der nunmehrigeu größeren Sicherheit einen bedeutend höheren Werth erhielten, aber ebenso unnatürlich und unerklärlich ist es auch, daß Ländereien, auf denen die Sicherheit für Leben und Eigenthum nicht größer geworden ist als sie früher war, und welche weder mehr noch werthvollere Producte erzeugen als früher — der Werth der meisten und hauptsächlichsten Producte z. B. Wolle, Häute, Talg, Fleisch, Getreide ꝛc. ist im Gegentheil nicht unerheblich zurückgegangen — plötzlich einen doppelt und stellenweise dreifach höheren Werth haben sollen als sie früher hatten. Uebrigens findet man dieselbe sonderbare aber meistens schnell vorübergehende Erscheinung ja auch in anderen Ländern. So konnte man vor einigen Monaten noch Ländereien in Ostafrika für 75 Pfg. per Morgen kaufen und heute fordert man, obgleich diese Ländereien überhaupt noch gar keine Producte geliefert haben und wahrscheinlich für's Erste auch nicht liefern werden, schon $1\frac{1}{2}$ ℳ. So steigen die Terrains durch den Einfluß der sich ausbreitenden „Cultur" mitunter plötzlich bis zu einer Höhe, welche für mit derartigen Höhen nicht vertrauten Leuten ein wenig gefährlich und schwindelig erscheint. Mehr oder weniger bildet die Entfernung von den hauptsächlichsten Consum- und Hafenplätzen den Werthmesser für die Ländereien. Die werthvollsten Grundstücke in Argentinien und am La Plata überhaupt sind die im Centrum der Stadt Buenos Aires belegenen, und je weiter man sich von der Stadt Buenos Aires entfernt, sei es nach Norden oder Westen oder Süden, desto mehr nimmt im Allgemeinen der Werth der Ländereien ab. Natürlich bilden die anderen Consumplätze und Verkehrscentren des Landes und der Provinzen, sowie deren Umgebungen wieder neue Mittelpunkte für kleine Kreise mit zunehmendem Bodenwerthe. Die Ländereien an den Ufern der schiffbaren Ströme, die Seitenstrecken der Bahnen u. s. w. haben, weil wegen des erleichterten Verkehres sich zu einer intensiveren Cultur, Ackerbau 2c. eignend, selbstverständlich einen höheren Werth als Ländereien von sonst gleicher Bodenbeschaffenheit und gleicher Entfernung, welche sich derartiger Vortheile jedoch nicht erfreuen. In den inneren regenarmen und dürren Provinzen Argentiniens haben ferner Ländereien, welche man künstlich bewässern kann, mitunter einen sehr hohen Werth, während andere in nächster Nähe belegene, welche jedoch nicht künstlich bewässert werden können, größtentheils vollkommen werthlos sind. In dem von mir speciell zu behandelnden Unteren La Plategebiete verursachen, wie schon auf Seiten 6 und 7 gesagt, die Klassen der natürlichen Gräser und Weidepflanzen einen sehr bedeutenden Unterschied in dem Werthe des Bodens; die Stadt Buenos Aires bildet aber auch ziemlich genau den Mittelpunkt der auf genannten Seiten beschriebenen Ländereien mit pasto tierno. In der Provinz Buenos Aires haben derartige für Schafzucht sich eignende Weiden mit Süßgräsern 2c. einen bedeutend höheren Werth als in Santa Fé und in letzter Provinz wieder einen noch höheren Werth als im Freistaate Uruguay und in Entre Rios, weil auf ersteren sowohl der Ertrag der Schafe an Wolle, Fett und Fleisch bedeutender als auch die Vermehrung eine größere ist als auf den letztgenannten Ländereien. Gegen Ende der siebenziger Jahre, vor dem Zeitalter der großen Anleihen und der Gründerperiode waren die Preise für gute zur Schafzucht sich eignende Kampe mit pasto tierno in der Provinz Buenos Aires etwa 60—70 000 pesos fuertes für eine □Legua von 2700 Hektaren oder 27 □km. In der Gründerperiode stieg der Preis auf 100 bis 120 000 pesos fuertes, obgleich das Land weder mehr Schafe ernährte noch die Preise für Wolle, Talg ꝛc. stiegen. Vor der Gründerperiode zahlten Leute, welche im Besitze von einigen Tausend Schafen aber keines Landes waren, für das nöthige Weideland Miethen in einer Höhe, daß sich das jährliche Weidegeld per Schaf durchschnittlich auf ca 15—17 cents fuertes — nach deutschem Gelde auf ca 64—72 ₰. — stellte. Während der Gründerperiode gelang es, unter Benutzung des hohen Courses des im Lande Argentinien fast ausschließlich gebräuchlichen Papiergeldes, diese Pachten auf eine Höhe hinaufzutreiben, auf der sich das jährliche Weidegeld per Schaf auf nahezu den doppelten Betrag, 28 bis 30 cents fuertes — nach deutschem Gelde ca 120 bis 128 ₰. — belief. Derartige Miethen sind rasend hoch und auf die Dauer nicht zu erschwingen, es sei denn, daß die Züchter einen entsprechend höheren Ertrag an Wolle, Talg und Fleisch und oder entsprechend höhere Preise für diese Producte erzielten. Vorläufig ist weder das Eine noch das Andere zu erwarten, wenngleich die Möglichkeit ja vorhanden ist, durch einen intensiveren Betrieb und bessern Pflege ꝛc. sowohl Quantität als auch Qualität der Wolle und des Fleisches und die Quantität des Talges zu erhöhen. Auf den besten dortigen Kampen mit pasto tierno in der Provinz Buenos Aires kann man im Durchschnitt 30—35 000 Schafe auf einer □Legua halten, also per Hektar 11 bis 12 Schafe. Diese Zahl gilt für Merino- und Mestizoschafe, welche ausgeschlachtet ca. 32—36 Pfd. wiegen, will man große schwere Fleischschafe züchten, so wird man die Zahl sehr einschränken müssen. Kann ein Kamp eine derartige Zahl nicht ernähren, so nimmt sein Geldwerth im Verhältniß zu der Abnahme seines Nutzwerthes selbstverständlich ab. Auch die Witterungsverhältnisse spielen eine große Rolle. In Jahren, in denen die Regen günstig vertheilt sind, kann ein Stück Land mit Leichtigkeit eine bedeutende Anzahl Thiere ernähren, während in trockenen Jahren oder in Zeiten übermäßiger Nässe und durch solche verursachter Ueberschwemmungen eine viel geringere Anzahl Vieh auf demselben Kampe Mangel leidet. Von den Dürren haben leider sämmtliche Theile des La Platagebietes häufig zu leiden, von Ueberschwemmungen außer den niedrig gelegenen Uferstrecken der größeren und kleineren Flüsse vorwiegend der Süden der Provinz Buenos Aires. Die Ländereien sind daselbst vollkommen eben, die Flüsse, z. B. der Salado u. a. haben ein sehr geringes

Gefälle und können bei anhaltenden und wolkenbruchartigen Regengüssen die großen Wassermassen nicht fortschaffen, so daß bedeutende Strecken Landes unter Wasser gesetzt werden und dann nicht allein Schafe, sondern auch Rinder in großen Mengen zu Grunde gehen. Derartige Katastrophen sind besonders in der letzten Zeit, in 1877, in 1881 und 1884 ziemlich schnell aufeinanderfolgend eingetroffen. Da die alleinige Haltung von Schafen auf einem Kampe der Erhaltung der Grasnarbe nicht förderlich ist, weil die Schafe beim Weidegange, zumal in den Zeiten der Noth, die Pflanzen sehr tief abfressen und auch durch das Treten mit ihren scharfgeränderten Hufen dem Pflanzenwuchse schaden, so hat man in der Regel Rindvieh und Schafe vermischt auf einem Kampe und man muß dann für jedes Rind etwa 8 bis 10 Schafe weniger rechnen.

Für gute und gutgelegene Kampe mit pasto fuerte, auf welchen man ca. 2000 Kühe per □Legua halten kann, bezahlte man vor der Gründerperiode etwa 5—8000 pesos fuertes, für Kampe, welche mehr nach dem regenarmen Steppengebiete hin, nach Westen und nach Süden gelegen waren und welche weniger Rindvieh, 1500—1000 tragen können, bezahlte man im Mittel 2500—4000 pesos fuertes per □Legua. In der Gründerperiode stieg der Preis für erstere auf ca. 10—15 000 und für letztere auf etwa 6—10 000 pesos fuertes. In Ländereien, welche weit im Innern der Pampa belegen sind und für kommende Generationen einstens einen bescheidenen Werth haben werden, sind Millionen gänzlich unproductiv angelegt worden. Man muß berücksichtigen, daß, je weiter man vom La Platabecken nach Westen und nach Süden vordringt, desto leichter, sandiger und geringwerthiger der Boden wird und desto ungenügender und unregelmäßiger der Regenfall. Der Werth des Landes verringert sich also aus drei Ursachen: größere Entfernung von der Küste und den Consumplätzen, geringere Bodenbeschaffenheit und spärlicherer Regenfall. Der Pflanzenwuchs wird immer spärlicher und dürrer und bietet schließlich per □Legua nur noch einigen wenigen Hunderten von Kühen nothdürftiges Futter.

Der immerhin ziemlich geringe Werth, den die Ländereien mit pasto fuerte hatten und heute auch noch haben, hat in den letzten Jahrzehnten zu der Anlage der vielen Ackerbaukolonien und zum Aufschwunge des Ackerbaues im Unteren La Platagebiete überhaupt Veranlassung gegeben. Bis vor ca. 30 Jahren wurde fast sämmtliches

Mehl von Chile und Nordamerika importirt, der offizielle Werth des im Jahre 1874 in Argentinien von auswärts eingeführten Weizens und Mehles betrug nahe an 800 000 pesos fuertes. Jetzt wird nicht allein durch die einheimische Production der inländische Consum, welcher im Verhältniß zu früher einen ganz erheblichen Umfang angenommen hat, gedeckt, es sind in den letzten Jahren sogar ganz bedeutende Quantitäten Getreide nach Europa exportirt worden. Es liegt nicht in meiner Absicht, hier eine eingehende Beschreibung des dortigen Ackerbaues und dessen Entwickelung zu geben. Man findet hierüber Ausführliches in verschiedenen auf dem Umschlage dieser Broschüre verzeichneten Werken, namentlich in denen von Carl Beck-Bernard, Richard Napp, J. Alemann und Karl Friedrich. Alle in diesen Büchern angegebenen Preise der dortigen Ackerbauproducte sind für die Gegenwart und für die Zukunft nicht mehr maßgebend, weil erstens jetzt nicht mehr wie bei der früheren beschränkten Production die dortigen Consumpreise, sondern die Exportpreise, also die Preise des Weltmarktes nach Abzug sämmtlicher Unkosten für Frachten, Assecuranz, Commissionen 2c. 2c., für die Ackerbauproducte in Betracht kommen, und weil zweitens diese tonangebenden Preise des Weltgetreidemarktes augenblicklich ganz ungemein niedrige sind und voraussichtlich für längere Zeit noch bleiben werden. Da nun am La Plata der Ackerbau ohne Anwendung von Dünger betrieben wird, also einfacher Raubbau ist, da ferner wegen Mangels an genügendem Absatz von irgend einer Fruchtfolge nicht die Rede sein konnte und man die Hauptfrucht, Weizen auf Weizen säete, da die Ernteerträge, obgleich die Aussaat im Allgemeinen sehr unbedeutend ist, im Verhältniß zur bestellten Fläche nur gering, die Arbeitslöhne im Vergleich mit anderen für Kornbau günstiger situirten Ländern aber sehr hoch sind und da schließlich die Erträge wegen der in jenen Ländern ziemlich zahlreichen und häufig in förmlich verheerendem Character auftretenden Plagen, sowohl des Klimas als auch der Thierwelt, ziemlich unsicher sind, so darf nach meiner Ansicht ein Ansiedler in jenen Ländern seine Existenz nicht einzig und allein auf den Ackerbau basiren. So lange die Kolonisten für den dortigen inländischen Consum producirten, erzielten sie im Durchschnitt ganz erträgliche, mitunter brillante Preise für ihren Weizen, im Mittel 140 bis 180 Mark nach unserem Gelde per 1000 kg, und die Fälle, daß Kolonisten in verhältnißmäßig kurzer Zeit zu Wohlstand und selbst ziemlich bedeutendem Vermögen gelangten, sind nicht vereinzelte gewesen. Es konnte daher nicht Wunder nehmen, wenn die Ackerbaukolonien, vor allem in der Provinz Santa Fé in verhältnißmäßig kurzer Zeit eine bedeutende Ausdehnung erlangt haben. Dieselben zerfallen in zwei Hauptgruppen, die ältere westlich und nördlich von der Hauptstadt der Provinz, der Stadt Santa Fé belegene mit den beiden Stammkolonien Esperanza und San Carlos, und die zweite westlich und nördlich von der Hafenstadt Rosario belegene mit den Kolonien der Argentinischen Centralbahn als Stammkolonie. Um diese Stammkolonien herum entstanden nach und nach eine bedeutende Anzahl größerer und kleinerer Kolonien, indem die Eigenthümer der benachbarten Ländereien dieselben vermessen ließen und Grundstücke von geringem Umfange, gewöhnlich 20 □Cuadras (ca. 33¾ Hektar), Concessionen genannt, an Kolonisten verkauften. Der Preis war im Durchschnitt 20 pes. fts. per Cuadra, also 400 pes. per Concession. Dieser Verkauf des Landes geschah nun nicht allein in den allermeisten Fällen auf Credit, man creditirte, vom Kolonisationseifer hingerissen, den Kolonisten bereitwilligst Materialien zum Bau einer provisorischen Hütte, Ackergeräthschaften, Arbeitsvieh, Sämereien und sogar Lebensmitteln bis zur ersten Ernte. Ein derartiger ausgedehnter und leichtgewährter Credit an Leute, denen man in den meisten Fällen hier in Europa keine 100 ℳ. creditirt haben würde, hatte in vielen, wenn nicht in den meisten Fällen negative Resultate zur Folge, und man würde auch nicht so unvorsichtig gegen alle geschäftlichen und wirthschaftlichen Regeln, Gebräuche und Grundsätze gehandelt haben, wenn man nicht offenbar von einem förmlichen Kolonisationsfieber, welches die Leute in ihrem Enthusiasmus und ihrem Gründungseifer blind machte, gepackt worden wäre. Die zahlreichen Mißerfolge und schmerzlichen Verlüste machten die Leute später jedoch ganz bedeutend vorsichtiger und waren für die Herren Kolonisationsenthusiasten eine Lehre und eine ernste Mahnung, daß man auch bei einer Kolonisation die im praktischen Leben überall anerkannten und befolgten wirthschaftlichen und geschäftlichen Grundsätze, kurz die bleischwere Materialität in allererster Linie berücksichtigen muß. So hatte man nicht allein sehr häufig gänzlich untaugliche Elemente zu Kolonisten genommen, sondern auch total unbrauchbare Menschen zu Kolonieverwaltern gemacht und es war nicht mehr wie natürlich, daß sich derartige Fehler sehr fühlbar rächen mußten. Bei diesem Kolonisationsfieber war es interessant zu beobachten, wie sich bei den verschiedenen Unternehmungen fast regelmäßig dieselben Fehler wiederholten. Außer der von mir schon angeführten leichtsinnigen Handlungsweise der kritiklosen Ansiedelung und Anstellung von unbrauchbaren und unfähigen Individuen berücksichtigte man oftmals garnicht den Umstand, daß es vollkommen zwecklos ist, Producte zu erzeugen, wenn man nicht im Stande ist, solche auch genügend zu verwerthen. Es erging den Herren Kolonialenthusiasten in Argentinien, wie es derartigen Leuten schon oft ergangen ist und wahrscheinlich noch oft mit ihren Unternehmungen ergehen wird. Die Leute vergaßen vorher zu rechnen. Die Leute vergaßen, daß Entfernungen und durch solche entstehende Unkosten und Frachten beim Ackerbau eine ganz andere und viel erheblichere Rolle spielen als bei der Viehzucht. Bei der Viehzucht, speciell extensiver Rindviehzucht ist es von keiner großen Wichtigkeit, ob ein Grundstück etwas näher oder entfernter vom Consummarkte, resp. Schlachtplatze gelegen ist. Das zum Schlachten bestimmte Vieh befördert sich selbst vermittelst seiner eigenen vier Beine, man bedarf, um einige Hundert Stück Vieh zu treiben, nur einiger weniger berittener Leute. Durch das Laufen wird das Vieh allerdings nicht fetter, jedoch spielen einige Pfunde Fett mehr oder weniger keine große Rolle. Zur Beförderung von Ackerbauproducten bedarf man hingegen Leute zum Auf- und Abladen, Karren, Karrenführer, Karrengeschirre, Zugthiere, Gebäude zum Lagern des Getreides u. s. w.

Folgendes kleines und höchst einfaches Rechenexempel wird den bedeutenden Einfluß, welchen Entfernungen und Frachten auf den Werth eines Landes als Ackerland ausüben, ziemlich klar veranschaulichen.

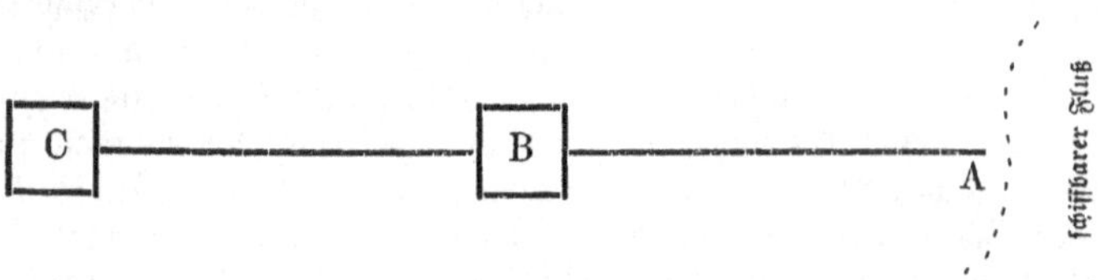

Nehmen wir an, man bebaue auf einer ca. 25 km von einem Hafenplatze A belegenen □Legua von 2700 Hectaren B jährlich nur den dritten Theil, also 900 Hectare mit Weizen, von welcher Fläche man zum Satze von 600 kg per Hectar ein Quantum von 540 000 kg erntet. Für die erwähnte Entfernung würde man als eine mäßige Karrenfracht wohl 6 cents per 1000 kg und per km rechnen können, was einen Gesammtbetrag für Fracht bis zum Hafenplatze von 810 pes. fts. ergeben würde. Bei der doppelten Entfernung des Ackerlandes C vom Verschiffungshafen A, also 50 km, müßte man selbstverständlich die doppelte Fracht, also 1620 pes. zahlen und es würde sich daher ein Unterschied von 810 pes. zu Gunsten der näher gelegenen Legua ergeben. Kapitalisirt man nun diesen Unterschied und Ersparniß in der Fracht zum Zinsfuße von 9 %, so ist die näher belegene Legua 9000 pes. mehr werth als die entferntere und rechnet man einen billigeren Zinsfuß, z. B. 6 %, so ist sie sogar 13 500 pes. mehr werth, wenn man auch weiter nichts in Anschlag bringt, als nur die Frachtersparniß auf den Weizen, welcher auf dem dritten Theile des in Betracht kommenden Landes gebaut wird. Kann man nun derartig günstig gelegene Ländereien zum Preise von 10—12 000 pes. per Legua kaufen, so kann man sich mit Benutzung dieses kleinen einfachen Rechenexempels sehr leicht sagen, um wieviel man Ländereien für Ackerbauzwecke zu theuer bezahlt, wenn man sie in einer Entfernung vom Hafenplatze von ca. 50 km mit vielleicht 6—8000 pes. oder in einer Entfernung von 100—120 km mit vielleicht 4—5000 pes. bezahlt. Das absolut theure Land ist also relativ das billigste und das absolut billigste das relativ theuerste. Die Ländereien, welche man von der Regierung in Patagonien, im Chaco, in der Pampa 2c. für Ackerbauzwecke geschenkt erhält, sind ja unzweifelhaft die absolut allerbilligsten, dürften aber auch die relativ **allertheuersten** sein. In diesen Regionen sind daher außer den von der Regierung subventionirten Staatskolonien keine Ackerbaukolonien lebensfähig gewesen.

Das Hauptproduct des dortigen Ackerbaues ist der Weizen gewesen, dessen Anbau bis zum Jahre 1883 auch durchschnittlich rentabel gewesen ist. In den beiden Jahren 1883 und 1884 hat man bedeutend mehr Weizen producirt als der Consum des Landes erforderte, und man war daher gezwungen den Ueberschuß zu exportiren. Diese Verschiffungen haben, da die Weizenpreise auf dem Weltmarkte fortwährend wichen, selbstverständlich Verlüste ergeben, und eine bedeutende Einschränkung des dortigen Weizenbaues im letzten Jahre ist die Folge gewesen. Statt des Weizens hat man Leinsaat in größeren Quantitäten angesäet. Man benutzt von dieser Pflanze nur die Saat, welche man nach Europa exportirt, die Faser des Flachses bleibt noch unbenutzt. Der Flachs ist bekanntlich eine Pflanze, welche den Boden wenig beschattet und ihn stark erschöpft, und so wird es wohl in noch erhöhterem Grade als beim Weizen seine Schwierigkeiten haben, Flachs auf Flachs zu bauen. Eine wichtige Rolle, weniger für den Export als für den inländischen Consum, nimmt die Kultur des Mais ein. Dieselbe ist höchst einfach und wenig kostspielig, aber auch sehr empfindlich gegen die in jenen Ländern dem Ackerbau am meisten schädigenden Plagen, Dürren, Fröste und Heuschrecken. Die Kolonisten säen in der Regel Mais in neu aufgebrochenen Kamp, geht dann der Mais auch wirklich verloren, so beschränkt sich der Verlust auf den unerheblichen Betrag der Aussaat und auf die mit der Arbeit der Aussaat verwandte Zeit. Die Bearbeitung des Bodens kommt der darauf folgenden Kultur des Weizens und des Flachses immer zu Gute. Es ist schwer zu sagen, wie groß die Gesammtproduction des Ackerbaues in jenen Ländern ist, da hinsichtlich des inländischen Consums keine zuverlässigen Daten erhältlich sind. Im Staate Uruguay soll die jährliche Production nach oberflächlicher Schätzung

60—70 000 Tonnen à 1000 kg Weizen und
25—30 000 „ à 1000 „ Mais

sein. Welche enorme Ausdehnung der Ackerbau in Argentinien in den letzten Jahren genommen hat, geht aus folgenden den Export des Landes betreffenden Zahlen hervor.

Es gelangten zur Ausfuhr

in	an Mais		an Weizen		an Leinsaat	
1876	8058	Tonnen	20	Tonnen	—	
1877	9817	„	200	„	—	
1878	7064	„	2547	„	104	Tonnen
1879	29521	„	25670	„	246	„
1880	15032	„	1165	„	958	„
1881	25052	„	157	„	6395	„
1882	107327	„	1705	„	23351	„
1883	18634	„	60754	„	23061	„
1884	103677	„	108500	„	33992	„

Die Getreidepreise des Weltmarktes waren in 1884, dem Jahre des stärksten Exportes freilich beispiellos niedrige, zum Ersatz dafür erleichterten die enorm niedrigen Frachten wieder sehr die Ausfuhr. Man verlud Getreide nach Europa per Dampfer von Buenos Aires für 12 Franken und von den Flüssen aus (Rosario, Santa Fé, Paraná 2c.) für 15 Franken per 1000 kg, eine Frachtrate, deren selbst die ältesten Leute sich nicht mehr zu erinnern wußten. Die ackerbautreibende Bevölkerung in Argentinien besteht in neuester Zeit vorwiegend aus Italienern, welche in den letzten Jahrzehnten das Untere La Plategebiet förmlich überschwemmen und mit der Zeit unzweifelhaft einen bedeutenden Einfluß auf die sociale und politische Gestaltung jener Länder ausüben werden. Ein großer Theil dieser italienischen Ackerbauer siedelt sich gar nicht mehr fest in einer Ackerbaukolonie an, sie pachten sich ein Stück Land, errichten daselbst eine elende Hütte, graben einen Brunnen und entnehmen dem Lande einige Ernten. Ist das Land nach einigen Jahren erschöpft und voller Unkräuter, so daß der Anbau desselben nicht mehr lohnt, so verlassen sie es und nehmen frisches in Angriff, sie sind also nomadisirende Raubbauern par exellence. Außer Mais, Weizen und Leinsaat werden noch eine Anzahl Pflanzen angebaut, jedoch in sehr beschränktem dem Consum entsprechenden Grade. Man cultivirt Gerste, Kartoffeln, Bataten, Kürbisse, Erbsen, Bohnen und Erdnüsse, mani, welche letztere auch einen Exportartikel bilden. Es wäre nicht unmöglich, daß die Kultur von andern Oel- und Gespinstpflanzen ausführbar und lohnend wäre, jedoch läßt sich darüber wegen Mangels an Versuchen und Erfahrungen nichts Bestimmtes sagen.

Im Allgemeinen kann man wohl behaupten, daß von dem gegenwärtigen Zeitabschnitt an, in welchem der La Plata angefangen hat, bedeutend mehr Getreide zu produziren als er consumirt und daher gezwungen ist, diesen Ueberschuß zu exportiren, das Zeitalter der Ackerbaukolonien, also der Ansiedelungen, in welchen lediglich Ackerbau getrieben wurde, vorüber ist. Der Kolonist oder bäuerliche Ansiedler wird von nun an Ackerbau und möglichst intensiv betriebene Viehzucht mit einander verbinden müssen. Dazu gehört ein immerhin nicht unbedeutendes Kapital und es ist nicht Jedermanns Sache, einen derartigen Betrieb anzufassen. Ich will nun den Versuch machen, in den folgenden Abschnitten zu erörtern und auszurechnen, auf welche Weise deutsches Kapital, welches jetzt ja bekanntlich bei dem im eigenen Lande stetig sinkenden Zinsfuße in die nördlichen, östlichen und südlichen Nachbarländer wandert, um dort 1/2 bis 1 1/2 % mehr Zinsen zu verdienen als daheim, gewinnbringender angelegt werden könnte, wenn mit demselben größere bis jetzt mehr oder weniger extensiv bewirthschaftete Landcomplexe am La Plata angekauft und in der von mir angedeuteten intensiven Weise wirthschaftlich bewirthschaftet würden.

Die Ländereien im Unteren La Platagebiete zerfallen, wie auf den Seiten 6 und 7 erklärt, in solche mit harten Gräsern, pasto fuerte, und andere mit süßen Gräsern, pasto tierno. Die mit den harten Gräsern bestandenen Ländereien würden sich ihrer Billigkeit wegen am vortheilhaftesten zu einer derartigen Bewirthschaftung eignen. Eine Hauptbedingung bleibt, daß nur für den Absatz der Producte günstig gelegene Ländereien zu einer intensiveren Wirthschaft ins Auge genommen werden. Man wird also nicht die absolute, sondern die relative Billigkeit des Landes zu berücksichtigen haben. Hinsichtlich der bei den Berechnungen angeführten Maaße, Gewichte und Preise ist Folgendes zu beachten:

1 Pfund span. ist 0,4594 kg,

100 Pfund span. rechnet man rund zu 46 kg,

25 Pfund span. heißen eine arroba und sind rund 11½ kg,

Fanega ist ein Getreidemaaß, jedoch in den verschiedenen Provinzen von verschiedener Größe.

In der Provinz Buenos Aires und in Uruguay rechnet man nach Fanegas zu 9 arrobas = 225 Pfund spanisch oder 103½ kg, eine solche Fanega hält ungefähr 1,37 Hektoliter; in der Provinz Santa Fé rechnet man beim Weizenhandel nach Fanegas von 15 arrobas oder 375 Pfund spanisch = 172½ kg, eine derartige Fanega hält 2,28 Hektoliter.

In den am Flusse Paraná belegenen Theilen von Entre Rios rechnet man beim Weizenhandel nach Fanegas von 16 arrobas oder 400 Pfund span. = 184 kg.

Bei Längen- und Flächenmaaßen rechnet man nach Varas. Von diesen Varas existirten früher mehrere Sorten von verschiedenen Längen, welcher Umstand bei Landvermessungen leider allzuhäufig zu großen Irrthümern und Processen Veranlassung gegeben hat.

In Argentinien hat die sogenannte vara nacional 866 mm und zerfällt in 3 Fuß à 289 mm oder auch 36 Zoll.

150 Varas = 129,9 m heißen eine Cuadra,

40 Cuadras = 6000 Varas = 5196 m heißen eine Legua,

1 □Cuadra — also 150 Varas im Geviert — hat 22 500 □Varas = 16 870 □m oder 168,70 Are oder 1,687 Hektar,

1 □Legua — also 40 Cuadras oder 6000 Varas im Geviert — hat 1600 □Cuadras oder 2699,842 Hectare oder rund 27 □km.

In Uruguay hat 1 Legua 60 Cuadras à 100 Varas à 859 mm und 1 □Legua 3600 □Cuadras = 2656,372 Hektare,

1 □Cuadra hat 7378,81 □m,

1 Cuadra Längenmaaß hat 85,9 m.

Bei Landverkäufen rechnet man in Uruguay häufig per „suerte", eine solche suerte sind 2700 □Cuadras = ¾ □Legua.

In neuerer Zeit rechnet man schon vielfach nach leguas metricas. Dieselben haben als Längenmaaß 5000 m und als Flächenmaaß 2500 Hektare oder 25 □km. Seit einer Reihe von Jahren gelten Meter, Liter und Kilogramme als offizielle Maaße, im Handel und Wandel hat man sich jedoch von dem alten System noch immer nicht trennen können.

Die Münzverhältnisse sind in Uruguay seit einiger Zeit geregelt, in Argentinien jedoch so verworren wie möglich. In Uruguay rechnet man nach pesos nacionales, welche als Goldwährung eingeführt sind. Die zu prägenden Goldmünzen zu 10 pesos, Doblon genannt, sind noch nicht geprägt, es kursirt als größte Münze der in Silber geprägte peso, welcher in deutschem Gelde den Werth von etwa ℳ. 4.40 repräsentiren soll. In Argentinien galt bis vor Kurzem der in Wirklichkeit nie geprägte peso fuerte als officielle Münze. Der Werth eines peso fuerte war je nach dem Kurse etwa ℳ. 4.20, die öffentlichen Kassen rechneten das Pfund Sterling zu 4,88 pesos und das 20-Frankstück zu 3,87 pesos. In der Provinz Buenos Aires kursirte ausschließlich Papiergeld der Provinzialbank, dessen Kurs gegen Gold mehr oder weniger schwankte. Konnte man für 25 derartiger pesos de moneda corriente einen peso fuerte Gold erhalten, so stand das Papiergeld pari. In den übrigen Provinzen Argentiniens kursirte bolivianisches Silbergeld und Papiergeld der verschiedenen Banken. In neuerer Zeit ist, um diesem Wirrwarr ein Ende zu machen, eine neue Geldwährung eingeführt worden, wodurch der Wirrwarr, wenigstens augenblicklich, noch größer geworden ist. Diese neue Geldmünze heißt moneda nacional (nationale Münze) und von derselben sind bis zu einem ziemlich geringen Betrage — ich glaube ca. 1 Million Pfund Sterling, das übrige für die Circulation nöthige Geld ersetzt man durch das bedeutend billiger und bequemer herzustellende und in jenen Ländern als Zahlungsmittel eingebürgerte Papier — Gold- und Silbermünzen geprägt worden. Der Werth dieses neuen Geldes im Verhältniß zu anderen Münzen ist:

1 Pfund Strl.	=	$5,_{044}$	pes.	nac.
20 Franken	=	4.—	„	„
20 Mark	=	$4,_{958}$	„	„
30 pesos fuertes	=	31.—	„	„

Von den Goldmünzen hat die größere den Werth von 5 pesos moneda nacional und die kleinere von $2^1/_2$ pesos. Die größere hat den Namen „argentino“ und die Goldmünze von $2^1/_2$ pesos heißt „$^1/_2$ argentino“.

Von Silbermünzen sind geprägt: Stücke von 1 pesos, von 50, 20, 10 und 5 cents.

Schon vor der Decretirung des Zwangskurses am 12. Januar d. J. hatte sogenanntes „gutes Gold", d. h. englische Pfunde, 20 Franksstücke, chilenische Condores und Argentinos ca. 5 % Prämie gegen Papiergeld der Staatsbanken, nach der Decretirung des Zwangskurses wurde diese Prämie gegen Gold selbstverständlich bedeutender, sie stieg im April bis 66. Für 166 pesos nacionales Papier konnte man also 100 pesos nacionales Gold kaufen. Später ist die Prämie wieder gesunken, Ende Juni war sie ungefähr 30. Neuerdings ist sie wieder gestiegen und sie wird sich wohl einige Jahre zwischen 30 und 40 halten, zumal da eine nicht übermäßige und keinen allzu großen Schwankungen unterworfene Entwerthung des Papiergeldes den besitzenden Klassen, besonders den Estanzieros convenirt. Der Estanziero erhält, wenn das Verhältniß zwischen Gold und Papier wie 100 zu 130 ist, für seine sämmtlichen Producte, seien es lebende Thiere, Wolle, Häute 2c., an Papiergeld 30 % mehr, als wenn dasselbe pari steht, bezahlt aber an Miethe oder an Zinsen, an Salairen und Arbeitslöhnen dieselben Summen in Papier unbekümmert um den Kurs desselben. Die durch die Entwerthung des Papiergeldes verursachten Verlüste werden also zum großen Theile auf die arbeitenden Klassen abgewälzt. Bei einer zu großen Entwerthung des Papieres, bei einer Prämie von 50 % etwa, würden sämmtliche Importartikel zu sehr vertheuert werden, die arbeitenden Klassen würden dann den Unterschied zu sehr fühlen und merken und deßhalb convenirt eine so hohe Prämie nicht. Die in folgenden Abschnitten gemachten Berechnungen sind, da es unmöglich ist, einen festen oder auch nur durchschnittlichen Papierkurs anzunehmen, in Pesos nacionales Gold zum Werthe von etwa vier Mark basirt.

Entwurf

zu einer rationell bewirthschafteten, mit extensivem Betriebe begonnenen und allmählich zu einem intensiveren mit bäuerlichen Ansiedelungen verbundenen Betriebe übergehenden Estanzia im **pasto fuerte.**

Bei der Anlage resp. Erwerbung eines derartigen Etablissements ist auf eine günstige Verkehrslage ein Hauptgewicht zu legen. Die günstigsten Lagen sind ohne Zweifel die Uferstrecken der Flüsse Uruguay und Paraná, in zweiter Linie die Seitenstrecken derjenigen Eisenbahnen, welche eine billige Versendung der Producte ermöglichen. Am Uruguay sind die Kampe etwas theurer als am Paraná, weil sie meistens die Haltung von Schafen, wenn auch im beschränkten Grade, gestatten. Die Uferstrecken des Paraná im Norden der Provinz Santa Fé haben sehr sumpfiges und schwer passirbares Vorland und sind nicht zu empfehlen. Es blieben also als das Vortheilhafteste die Uferstrecken des Paraná in der Provinz Entre Rios. Ganz genaue Angaben über den Werth und Preise, für welche augenblicklich Kampe in den genannten Distrikten erhältlich sind, lassen sich, wie vorhin und speciell auf Seite 31 erörtert, nicht machen. Vor dem Beginn der erwähnten letzten Gründerperiode konnte man dort zu 4—5000 pesos fuertes die □Legua von 2700 Hektaren kaufen. Im Jahre 1880 wurde ein in der Luftlinie ca. 50—60 km von der Stadt Paraná entferntes und nördlich von dieser am Paraná belegenes ca. 39¼ □Leguas großes Grundstück, der „Cerrito" genannt, für 160 000 pesos fuertes in Auction ausgeboten, ohne einen Käufer zu finden.

Später ist es für einen höheren, jedoch nicht näher bekannt gewordenen Preis verkauft worden. Für 4—5000 pesos per □Legua wird man für's Erste wohl schwerlich kaufen können; man wird auf einen Preis von 7—9000 pesos rechnen müssen. Das würde also, wenn man 2000 Kühe per □Legua rechnet, einen Werth des Weidelandes von 3½—4½ pesos für jedes Rind bestimmen. Ein Kamp in der Steppenzone, auf welchem man z. B. nur 1000 Kühe halten kann, würde demnach höchstens 4000 pesos werth sein. Eignen sich derartige Ländereien vermöge ihrer Bodenbeschaffenheit, ihres Untergrundes 2c., um als Luzernefelder unbeschadet vom Vieh abgeweidet zu werden (siehe Seite 27), so haben dieselben dann allerdings einen höheren, vielleicht den doppelten Werth.

Ein derartiges von mir geplantes Unternehmen würde eines Terrains von nicht unter 12 und nicht über 25 □Leguas bedürfen. Unter 12 Leguas würde es nicht groß genug sein, um sich zu einem wirklichen Centrum einer Bevölkerung mit den unentbehrlichsten Handwerkern, Schulen, Kirche 2c. herauszubilden, und über 25 □Leguas würde es wahrscheinlich schon zu groß sein, um gehörig übersehen werden zu können. Nimmt man die Erwerbung eines Grundstückes von 12 □Leguas, 324 □km, zu einem Preise von 8000 pesos per Legua an, mit der Absicht, 9 Leguas für's Erste noch als Estanzia zu bewirthschaften und 3 Leguas, also den vierten Theil, für bäuerliche Ansiedelungen zu bestimmen, so würde folgendes Anlagekapital erforderlich sein:

I. Grundstück, Umzäunungen, Gebäude, Corrales, Brunnen.

12 □Leguas Kamp mit pasto fuerte à 8000 pesos		pes. nac. 96 000.—
Einfriedigung dieses Terrains, 2 Leguas breit und 6 Leguas tief	84 km	
sowie verschiedene Unterabtheilungen	52 „	
zusammen	136 km	
laufender Drahtzaun mit Verwendung von soliden starken *ñandubey* Pfählen und 5 Stahldrähten à 230 pesos per laufenden Kilometer		„ „ 31,280.—
		pes. nac. 127,280.—

	Transport	pes. nac.	127,280.—
Errichtung des erforderlichen Hauptgebäudes, enthaltend Wohnung für den Director des Etablissements, Comptoir, Keller für Käserei, Käseküche, Wohnungen für einige Unterbeamte, für das Meiereipersonal, Gärtner und Gesinde, Küche, Magazin für Waaren und Gartenanlage	„	„	12,000.—
Verschiedene kleine Wohnungen für die Hirten, (puestos) sowohl bei dem Hauptgebäude als auch bei den verschiedenen Eingängen und Oeffnungen in der äußeren Umzäunung	„	„	1,500.—
Zwei bis drei Corrales (starke Umzäunungen, um die mit dem Vieh nöthigen Arbeiten, Marken 2c. vorzunehmen)	„	„	3,000.—
8 bis 10 Brunnen	„	„	500.—
1 Speicher zum Lagern von Korn	„	„	3,500.—
1 Schuppen für Maschinen 2c.	„	„	500.—
1 Schuppen für einige Rassethiere	„	„	500.—
		pes. nac.	148,780.—

II. Bewegliches todtes Inventar.

Tröge und Schöpfapparate für die 8—10 Brunnen	pes.	2000			
8 Ochsenkarren à 150 pes.	„	1200			
6 Pferdekarren à 75 pes.	„	450			
3 Pferdekarren für die Molkerei à 120 pes.	„	360			
Molkereigeräthschaften	„	2500			
Pflüge, Schälpflüge, Eggen, Walzen, Grubber, Pferdegeschirre 2c. 2c. ausschließlich für die von der Estanzia betriebenen Kulturen bestimmt, ferner Maschinerien z. Schneiden von Getreide u. Luzerne	„	4500			
Feldschmiede, Geräthschaften f. Schmiede und Zimmerleute	„	490	„	„	11,500.—
			Transport	pes. nac.	160,280.—

Transport pes. nac. 160,280.—

III. Lebendes Inventar.

a. Rindvieh.

6000 Stück al corte à 4 pes.	pes. 24,000	
4000 „ „ „ à $4\frac{1}{4}$ „	„ 17,000	
4000 „ „ „ à $4\frac{1}{2}$ „	„ 18,000	
750 „ Mestizovieh al corte à 10 pes.	„ 7,500	
150 Mestizokühe à 20 pes.	„ 3,000	
150 Mestizostiere à 35 „	„ 5,250	
3 ächte Stiere à 500 „	„ 1,500	
150 zahme Arbeitsochsen à 20 pes.	„ 3,000	
15,203 Stück	pes. 79,250	
b. Pferde.		
200 zahme Arbeitspferde à $12\frac{1}{2}$ pes. .... pes. 2500		
200 ausgesuchte Stuten zur Zucht*) à $7\frac{1}{2}$ pes. . pes. 1500		
5 Mestizo-Hengste à 100 pes. ..... pes. 500	„ 4500	„ „ 83,750.—

IV. Sämereien, Unkosten für erste Einrichtungen und unvorhergesehene Ausgaben . „ „ 5,970.—

Total pes. nac. 250,000.—

Zur Anlage der bäuerlichen Ansiedelungen würde man selbstverständlich erst schreiten, wenn der Betrieb der Estanzia geregelt und in ein ruhiges Geleise gebracht, die Lokalitäten für Käsebereitung fertiggestellt, der Ankauf von Arbeitsvieh und Milchvieh für die ersten Ansiedler gesichert ist ꝛc. ꝛc.; bei einer Ueberstürzung, resp. einer Massenansiedelung müßte man sich auf große Unannehmlichkeiten und Schwierigkeiten gefaßt machen.

Angenommen, man unterließe überhaupt die Anlage von bäuerlichen Ansiedelungen und wirthschaftete nur in der Art und Weise

*) Es ist rathsamer, sich von Anfang an gute ausgesuchte Stuten zur Zucht zu kaufen anstatt des billigen Schundes, welchen man allerdings zu 2—3 pesos al corte kaufen kann.

einer rationell geleiteten Estanzia (siehe Seite 25—27), so hätte man einerseits die 12 □Leguas, auf welchen 24,000 Rinder weiden könnten,

mit 15,200 Stück Hornvieh und
400 Pferden

ja nicht annähernd vollbesetzt, würde daher sein Land nicht gebührend ausnutzen, anderseits hätte man ja nicht nöthig gehabt, so große Wohn= nnd Verwaltungsgebäude sowie Käserei, große Kellerräume, Speicher ꝛc. anzulegen und die dazu gehörenden Geräthschaften anzuschaffen. Um nun ein leicht übersichtliches Schema aufzustellen und den Betrieb einer Estanzia sowie die Vermehrung des Viehes vermittelst Tabellen zu veranschaulichen, müßte man sich die Sache etwas vereinfachen und sich den Betrieb einer rein extensiv bewirthschafteten Estanzia ohne Futterbau, ohne eine Veredelung des Viehstandes ꝛc. ꝛc. vergegenwärtigen. Nimmt man den Stapel von dortigem unveredelten Vieh zu 14000 Stück an, so repräsentirt derselbe, wie oben gezeigt, ein Kapital von ....pes. 59,000.—

Dazu kommen

20 zahme Ochsen à 20 pes.	„	400.—
100 zahme Pferde à 12½ pes.	„	1,250.—
und 300 Stuten, ungezähmte Pferde ꝛc. in Heerden, um die nöthigen Pferde für den Gebrauch der Estanzia zu züchten à 3 pes.	„	900.—
Werth des Viehstapels	pes.	61,550.—

Für diesen Viehstapel einschließlich der in den nächsten Jahren zu erwartenden Vermehrung würden an Kamp, Baulichkeiten, Geräthschaften ꝛc. genügen:

9 □Leguas Kamp à 8000 pes.	„	72,000.—
ca. 110 km Drathzaun à 230 pes. per laufenden km	„	25,300.—
Gebäude	„	4,000.—
Corrales	„	3,000.—
Brunnen, Tröge, Schöpfapparate	„	2,500.—
2 Ochsenkarren	„	300.—
2 Pferdekarren	„	150.—
Geschirre, Geräthschaften, Schuppen, kleine Gartenanlage ꝛc.	„	3,500.—
Sonstige Ausgaben	„	2,700.—
Total	pes. nac.	175,000.—

Es stellt sich also das Anlagekapital für jede □Legua auf ca. 19,500 pes. nac. oder auf rund 80,000 Mark.

Beim Beginn des Betriebes, resp. Ankauf des Rindviehes, welcher bei einer Zahl von 14,000 Stück möglicherweise eine geraume Zeit in Anspruch nehmen würde, wird, um irgend ein Datum festzustellen, der erste Juli eines Jahres angenommen, und es ist die Klassificirung des Viehes in nicht allzu ungünstigem Falle etwa folgende:

	200	große volljährige Stiere,
	60	junge Stiere von 21 Monaten,
	6500	große volljährige Kühe,
	1640	junge Kühe von 21 Monaten,
	1700	junge Ochsen von 21 Monaten,
	400	alte Ochsen von 33,45 Monaten ꝛc.
	3500	Kälber*) von 9 Monaten
Total	14,000	Stück.

Außergewöhnlich große Verlüste, verursacht durch Kriege, Revolutionen, ꝛc. ꝛc. können natürlich nicht in Anschlag gebracht werden, es wird jedoch an Verlüsten angenommen:

In den ersten zwei Jahren ca. 5% durch Sterblichkeit und ca. 1% durch Diebstahl und Verlaufen,

in den folgenden vier Jahren ca. 3% durch Sterblichkeit und ca. 1/2% durch Diebstahl und Verlaufen,

im siebenten Jahre 12% durch Sterblichkeit und 1/2% durch Diebstahl und Verlaufen.

Stiere über 7—8 Jahre und Kühe über etwa 10 Jahre alt werden abgesondert, nicht mehr zur Zucht benutzt und, sobald in einem gutgenährtem Zustande, geschlachtet oder verkauft, ehe sie zu alt werden, schwächliche Nachzucht liefern, oder überhaupt keinen Nutzen mehr gewähren und an Altersschwäche und vor Entkräftung sterben. Die Estanzieros pflegen 30% vom gesammten Viehstapel als eine durchschnittliche Vermehrung zu rechnen, welcher Procentsatz bei gutgenährtem Vieh auch nicht zu hoch gegriffen ist; 27—28% Vermehrung bei einem nur auf Kampweide angewiesenen Viehstapel wird wohl der richtigste Durchschnittssatz sein. Bei intensiverer Wirthschaft, Fütterung mit Klee ꝛc., so daß die Thiere nie Mangel leiden und im Ernährungszustande nicht zurückgehen, wird die Vermehrung eine be-

*) Am La Plata fällt die Geburtszeit des Rindviehes in die Frühlingsmonate, in die Zeit von August bis November etwa, der Einfachheit halber habe ich den 1. October als durchschnittliches Geburtsdatum angenommen.

deutend stärkere sein. Ich nehme bei nachfolgenden Tabellen, damit die Rechnung auf dem Papier nicht zu günstig ausfallen möge und damit mir späterhin von keiner Seite der Vorwurf gemacht werden kann, daß mein Urtheil über wirthschaftliche Verhältnisse des La Plategebietes ein „ungerechtfertigtes" sei oder daß ich gleich manchen anderen sich stolz als Patrioten brüstenden Leuten irgend welche Köder ausgeworfen hätte, um deutsches Kapital zu leichtsinnigen Anlagen zu verleiten, eine geringere Vermehrung an. Ich rechne im ersten Jahre, weil die Kühe wegen des Ummarkens, der Ueberführung nach dem neuen Kamp mit immerhin möglichen ziemlich verschiedenen Futter doch mehr oder weniger beunruhigt werden, in Folge dessen abmagern und, weil man auch möglicherweise beim Ankauf eine Anzahl schon zu alter Kühe erhält, nur 20 % Vermehrung, im zweiten Jahre 23 %, im dritten und vierten Jahre 25 % und im fünften und sechsten 27 %. Das siebente Jahr veranschlage ich als ein ungünstiges, in welchem wegen Futtermangels ꝛc. 12 % des Viehstandes verloren werden und wegen Magerkeit der Kühe nur eine geringe Vermehrung von ca. 18 % stattfindet. Mit diesen Sätzen werde ich wohl eher unter als über dem Durchschnitt bleiben. Hier in Deutschland läßt man die Kühe mit dem vollendeten zweiten Lebensjahre etwa kalben, weil man in erster Linie auf Milchertrag züchtet und weil die Thiere in Folge der gleichmäßigen und in ihrer Jugend ihnen reichlich verabreichten Nahrung sich schnell entwickeln; bei meiner für den La Plata berechneten Aufmachung rechne ich das erste Kalb erst beim vollendeten dritten Lebensjahre einer Kuh. Von Stierkälbern habe ich stets eine größere Anzahl angenommen als von Kuhkälbern, um der jedem Viehzüchter bekannten Thatsache Rechnung zu tragen, daß man von Thieren, von welchen man mit Vorliebe männliche Nachkommenschaft haben möchte, wie z. B. von Pferden und Hunden, in der Regel vorwiegend weibliche, und von Thieren, von welchen eine stärkere weibliche Nachkommenschaft erwünscht ist, wie z. B. von Kühen, Schafen und Hühnern, gewöhnlich eine zahlreichere männliche erhält. Die von mir angenommenen Preise von 7—8 pes. für Saladerovieh sowie von 4—4½ pes. für Vieh al corte werden gewiß von manchen La Plataleuten als zu niedrige bezeichnet werden, ich bin jedoch, wie schon mehrfach erwähnt und begründet, fest überzeugt, daß die betreffenden Preise für eine Reihe von Jahren billige sein werden.

Unter Berücksichtigung aller dieser Verhältnisse und Annahmen würden sich in den erwähnten sieben Wirthschaftsjahren dann ungefähr folgende Resultate ergeben:

Erstes Jahr.

Von	im Alter von	Sterben	Verlaufen oder werden gestohlen	Werden verkauft ausgesucht	Werden verkauft al-corte	Werden geschlachtet	Abgang Total	Bleiben am Ende des ersten Jahres.	im Alter von	Werden Kälber geboren und erhalten.
200 vollj. Stieren		10	2	28	—	—	40	160 volljähr. Stiere		
60 jungen Stieren	21 Mt.	1	1	—	—	—	2	58 junge Stiere	33 Mt.	
6500 volljähr. Kühen		470	60	400	—	70	1000	5500 volljähr. Kühe		2800
1640 jungen Kühen	21 „	45	18	—	—	—	63	1577 junge Kühe	33 „	davon sind
1700 jungen Ochsen	21 „	45	20	1300	—	20	1285	315 junge Ochsen	33 „	1350 Kuh- und
400 großen Ochsen		20	10	200	—	30	260	140 alte Ochsen		1450 Stierkälber.
3500 Kälbern	9 „	110	30	—	—	—	140	1600 junge Kühe	21 „	
								1695 junge Ochsen	21 „	
								65 junge Stiere	21 „	
14000 Stück.		701	141	1928	—	120	2890	11,110		

Baare Bruttoeinnahme im ersten Jahre:

701	Häute von gefallenen Thieren	à 2 Pes.	=	Pes.	1402.—
120	„ „ geschlachteten „	à 3 „	=	„	360.—
600	an die Saladeros verkaufte Thiere	à 7 „	=	„	4200.—
600	„ „ „ „ „	à $7\frac{1}{2}$ „	=	„	4500.—
300	„ „ „ „ „	à 8 „	=	„	2400.—
328	„ „ Mataderos „ „	à 10 „	=	„	3280.—
100	große und gezähmte Ochsen „	à 15 „	=	„	1500.—
				Pes.	17 642.—

Zweites Jahr.

Von	im Alter von	Sterben	Verlaufen oder werden gestohlen	Werden verkauft: ausgesucht	Werden verkauft: al corte	Werden geschlachtet	Abgang Total	Bleiben am Ende des zweiten Jahres.	im Alter von	Werden Kälber geboren und erhalten
160 u. 58 vollj. Stieren		13	2	25	—	—	40	178 volljähr. Stiere		
5500 u. 1577 vollj. Kühen		500	70	440	—	67	1077	6000 volljähr. Kühe		3200 davon sind 1550 Kuh- und 1650 Stierkälber.
1600 jungen Kühen	21 Mt.	40	16	—	—	—	56	1544 junge Kühe	33 Mt.	
1695 jungen Ochsen	21 „	40	17	1200	—	23	1280	415 junge Ochsen	33 „	
65 jungen Stieren	21 „	1	1	—	—	—	2	63 junge Stiere	33 „	
315 u. 140 alten Ochsen		15	4	200	—	30	249	206 alte Ochsen		
1350 Kuhkälbern	9 „	30	14	—	—	—	44	1306 junge Kühe	21 „	
1450 Stierkälbern	9 „	55	15	—	—	—	70	1320 junge Ochsen 60 junge Stiere	21 „ 21 „	
13910		694	139	1865	—	120	2818	11092		

Baare Bruttoeinnahme im zweiten Jahre.

694	Häute von gefallenen Thieren	à 2 Pes.	= Pes.	1388.—
120	„ „ geschlachteten „	à 3 „	= „	360.—
600	an die Saladeros verkaufte Thiere	à 7½ „	= „	4500.—
825	„ „ „ „ „	à 8 „	= „	6600.—
320	„ „ Mataderos „ „	à 11 „	= „	3520.—
120	große und gezähmte Ochsen „	à 15 „	= „	1800.—
			Pes.	18 168.—

Drittes Jahr.

Von	im Alter von	Sterben	Verlaufen oder werden gestohlen	Werden verkauft ausgesucht	Werden verkauft al-corte	Werden geschlachtet	Abgang Total	Bleiben am Ende des dritten Jahres.	im Alter von	Werden Kälber geboren und erhalten
178 u. 63 vollj. Stieren		8	1	31	—	—	40	201 volljähr. Stiere		
6000 u. 1544 vollj. Kühen		250	40	694	—	60	1044	6500 volljähr. Kühe		3550 davon sind 1700 Kuh- und 1850 Stierkälber.
1306 jungen Kühen	21 Mt.	40	6	—	—	—	46	1260 junge Kühe	33 Mt.	
1320 jungen Ochsen	21 "	40	7	1000	—	10	1057	263 junge Ochsen	33 "	
60 jungen Stieren	21 "	2	1	—	—	—	3	57 junge Stiere	33 "	
415 u. 206 alten Ochsen		10	3	350	—	60	423	198 alte Ochsen		
1550 Kuhkälbern	9 "	30	7	—	—	—	37	1513 junge Kühe	21 "	
1650 Stierkälbern.	9 "	50	7	—	—	—	57	(1520 junge Ochsen (73 junge Stiere	21 " 21 "	
14292		430	72	2075	—	130	2707	11585		

Baare Bruttoeinnahme im dritten Jahre.

430	Häute von gefallenen Thieren	à 2 Pes.	=	Pes.	860.—
130	" " geschlachteten "	à 3 "	=	"	390.—
800	an die Saladeros verkaufte Thiere	à 7½ "	=	"	6000.—
825	" " " " "	à 8 "	=	"	6600.—
300	" " Mataderos " "	à 11 "	=	"	3300.—
150	große und zahme Ochsen "	à 15 "	=	"	2250.—
				Pes.	19 400.—

Viertes Jahr.

Von	im Alter von	Sterben	Verlaufen oder werden gestohlen	Werden verkauft ausgesucht	Werden verkauft al-corte	Werden geschlachtet	Abgang Total	Bleiben am Ende des vierten Jahres.	im Alter von	Werden Kälber geboren und erhalten
201 u. 57 volljähr. Stieren		8	2	30	—	—	40	218 volljähr. Stiere		
6500 u. 1260 volljähr. Kühen		250	40	590	—	80	960	6800 volljähr. Kühe		3800 davon sind 1800 Kuh- und 2000 Stierkälber
1513 jungen Kühen	21 Mt.	40	8	—	—	—	48	1465 junge Kühe	33 Mt.	
1520 jungen Ochsen	21 „	35	8	1100	–	12	1155	365 junge Ochsen	33 „	
73 jungen Stieren	21 „	1	1	—	—	—	2	71 junge Stiere	33 „	
263 u. 198 alten Ochsen		12	3	200	—	48	263	198 alte Ochsen		
1700 Kuhkälbern	9 „	50	8	—	—	—	58	1642 junge Kühe	21 „	
1850 Stierkälbern	9 „	74	9	—	—	—	83	(1687 junge Ochsen	21 „	
								(80 junge Stiere	21 „	
15135		470	79	1920	—	140	2609	12526		

Baare Bruttoeinnahme im vierten Jahre.

470	Häute von gefallenen Thieren	à 2 Pes.	=	Pes.	940.—
140	„ „ geschlachteten „	à 3 „	=	„	420.—
700	an die Saladeros verkaufte Thiere	à 7 „	=	„	4900.—
720	„ „ „ „ „	à 7½ „	=	„	5400.—
350	„ „ Mataderos „ „	à 10 „	=	„	3500.—
150	große gezähmte Ochsen	à 15 „	=	„	2250.—
				Pes.	17 410.—

Fünftes Jahr.

Von	im Alter von	Sterben	Verlaufen oder werden gestohlen	Werden verkauft ausgesucht	Werden verkauft al-corte	Werden geschlachtet	Abgang Total	Bleiben am Ende des fünften Jahres	im Alter von	Werden Kälber geboren und erhalten
218 u. 71 vollj. Stieren		8	2	35	—	—	45	244 volljähr. Stiere		
6800 u. 1465 vollj. Kühen		260	45	650	—	90	1045	7220 volljähr. Kühe		4400
1642 jungen Kühen	21 Mt.	45	8	—	—	—	53	1589 junge Kühe	33 Mt.	davon sind
1687 jungen Ochsen	21 "	45	8	1200	—	10	1263	424 junge Ochsen	33 "	2150 Kuh- und
80 jungen Stieren	21 "	2	1	—	—	—	3	77 junge Stiere	33 "	2250 Stierkälber.
365 u. 198 alten Ochsen		10	4	250	—	50	314	249 alte Ochsen		
1800 Kuhkälbern	9 "	45	7	—	—	—	52	1748 junge Kühe	21 "	
2000 Stierkälbern	9 "	85	10	—	—	—	95	(1835 junge Ochsen (70 junge Stiere	21 " 21 "	
16326		500	85	2135	—	150	2870	13456		

Baare Bruttoeinnahme im fünften Jahre.

500	Häute von gefallenen Thieren	à 2 Pes.	=	Pes.	1000.—
150	" " geschlachteten "	à 3 "	=	"	450.—
830	an die Saladeros verkaufte Thiere	à $7\frac{1}{2}$ "	=	"	6225.—
755	" " " " "	à 8 "	=	"	6040.—
400	" " Mataderos " "	à 11 "	=	"	4400.—
150	große gezähmte Ochsen	à 15 "	=	"	2250.—
				Pes.	20 365.—

Sechstes Jahr.

Von	im Alter von	Sterben	Verlaufen oder werden gestohlen	Werden verkauft ausgesucht	Werden verkauft al-corte	Werden geschlachtet	Abgang Total	Bleiben am Ende des sechsten Jahres	im Alter von	Werden Kälber geboren und erhalten
244 u. 77 vollj. Stieren		9	2	50	29	—	90	231 volljähr. Stiere		
7220 u. 1589 vollj. Kühen		270	44	700	750	90	1854	6955 volljähr. Kühe		4800 davon sind 2300 Kuh- und 2500 Stierkälber.
1748 jungen Kühen	21 Mt.	40	9	—	145	—	194	1554 junge Kühe	33 Mt.	
1835 jungen Ochsen	21 „	40	9	1350	150	10	1559	276 junge Ochsen	33 „	
70 jungen Stieren	21 „	2	1	—	6	—	9	61 junge Stiere	33 „	
424 u. 249 alten Ochsen		15	4	280	55	50	404	269 alte Ochsen		
2150 Kuhkälbern	9 „	60	10	—	175	—	245	1905 junge Kühe	21 „	
2250 Stierkälbern	9 „	94	11	—	190	—	295	(1900 junge Ochsen (55 junge Stiere	21 „ 21 „	
17856		530	90	2380	1500	150	4650	13206		

Baare Bruttoeinnahme im sechsten Jahre.

530	Häute von gefallenen Thieren	à 2 Pes.	= Pes.	1060.—
150	„ „ geschlachteten „	à 3 „	= „	450.—
900	an die Saladeros verkaufte Thiere	à $7\frac{1}{2}$ „	= „	6750.—
900	„ „ „ „ „	à 8 „	= „	7200.—
430	„ „ Mataderos „ „	à 10 „	= „	4300.—
150	große und zahme Ochsen	à 15 „	= „	2250.—
1500	al corte verkaufte Thiere	à $4\frac{1}{2}$ „	= „	6750.—
			Pes.	28 760.—

Siebentes Jahr (mit größerer Sterblichkeit „epidemia“).

Von	im Alter von	Sterben 12 pCt.	Verlaufen oder werden gestohlen	Werden verkauft ausgesucht	Werden verkauft al corte	Werden geschlachtet	Abgang Total	Bleiben am Ende des siebenten Jahres.	im Alter von	Werden Kälber geboren und erhalten
231 u. 61 vollj. Stieren		35	3	15	—	—	53	239 volljähr. Stiere		
6955 u. 1554 vollj. Kühen		1020	43	350	—	100	1513	6996 volljähr. Kühe		3300 davon sind 1600 Kuh- und 1700 Stierkälber.
1905 jungen Kühen	21 Mt.	228	9	—	—	—	237	1668 junge Kuhe	33 Mt.	
1900 jungen Ochsen	21 „	228	8	850	—	40	1126	774 junge Ochsen	33 „	
55 jungen Stieren	21 „	7	1	—	—	—	8	47 junge Stiere	33 „	
276 u. 269 große Ochsen		65	2	135	—	30	232	313 alte Ochsen		
2300 Kuhkälbern	9 „	277	11	—	—	—	288	2012 junge Kühe	21 „	
2500 Stierkälbern	9 „	300	13	—	—	—	313	(2100 junge Ochsen	21 „	
								(87 junge Stiere	21 „	
18006		2160	90	1350	—	170	3770	14236		

Bruttoeinnahme im siebenten Jahre.

2160	Häute von gefallenen Thieren	à 2 Pes.	= Pes.	4320.—
170	„ „ geschlachteten „	à 3 „	= „	510.—
500	an die Saladeros verkaufte Thiere	à 7½ „	= „	3750.—
500	„ „ „ „ „	à 8 „	= „	4000.—
200	„ „ Mataderos „ „	à 10 „	= „	2000.—
150	große gezähmte Ochsen	à 15 „	= „	2250.—
			Pes.	16 830.—

Um die Nettoerträge zu ermitteln, wird man außer den baaren Bruttoeinnahmen die Vermehrung, resp. Verminderung des Viehes und die Unkosten in Betracht zu ziehen haben. Man würde zu ungefähr folgenden Resultaten gelangen.

Erstes Jahr.

Bruttoeinnahme		Ps. 17,642	—
Verminderung des Viehstapels um 90 Thiere à Ps. 4½		„ 405	—
		Ps. 17,237	—
Unkosten.			
Grundsteuer 6 ‰ von Ps. 105,000 =	Ps. 630 —		
Sonstige Steuern	„ 270 —		
1 Vogt (capataz) à 15 ps. per Monat	„ 180 —		
10 Hirten (peones) à 10 ps. pr. „	„ 1200 —		
1 Köchin à 8 ps. per Monat	„ 96 —		
Marken der Kälber	„ 300 —		
Yerba, Mehl ꝛc.	„ 300 —		
Zaunreparaturen	„ 300 —		
Sonstige Unkosten	„ 461 —	Ps. 3737	—
	Nettoertrag	Ps. 13,500	—

Zweites Jahr.

Baare Bruttoeinnahme		Ps. 18,168	—
Vermehrung 382 Stück Vieh à $4^1/_4$ ps.		„ 1623	50
		Ps. 19,791	50
Unkosten.			
Grundsteuer 6 ‰	Ps. 630 —		
Sonstige Steuern	„ 270 —		
1 Vogt	„ 180 —		
10 Hirten	„ 1200 —		
1 Köchin	„ 100 —		
Marken der Kälber	„ 300 —		
Yerba, Mehl ꝛc.	„ 300 —		
Zaunreparaturen	„ 300 —		
Sonstige Unkosten	„ 511 50	Ps. 3791	50
	Nettoertrag	Ps. 16,000	—

Drittes Jahr.

Baare Bruttoeinnahme			Ps. 19,400 —
Vermehrung 843 Stück Vieh	à $4^{1}/_{4}$ ps.		„ 3582 75
			Ps. 22,982 75

Unkosten.

Steuern		Ps. 900 —	
1 Vogt	à 16 ps. per Monat	„ 192 —	
12 Hirten	à 10 „ „ „	„ 1440 —	
1 Köchin		„ 100 —	
Marken der Kälber		„ 300 —	
Yerba Mehl 2c.		„ 300 —	
Zaunreparaturen		„ 200 —	
Sonstige Unkosten		„ 550 75	Ps. 3982 75
		Nettoertrag	Ps. 19,000 —

Viertes Jahr.

Baare Bruttoeinnahme			Ps. 17,410 —
Vermehrung 1191 Stück Vieh	à $4^{1}/_{2}$ ps.		„ 5359 50
			Ps. 22,769 50

Unkosten.

Steuern		Ps. 1000 —	
1 Vogt	à 16 ps. per Monat	„ 192 —	
12 Hirten	à 10 „ „ „	„ 1440 —	
1 Köchin		„ 100 —	
Marken der Kälber		„ 300 —	
Yerba Mehl 2c.		„ 350 —	
Zaunreparaturen		„ 400 —	
Sonstige Unkosten		„ 487 50	Ps. 4269 50
		Nettoertrag	Ps. 18,500 —

Fünftes Jahr.

Baare Brnttoeinnahme			Ps. 20,365 —
Vermehrung 1530 Stück Vieh	à $4^{1}/_{4}$ ps.		„ 6502 50
			Ps. 26,867 50

Unkosten.

Steuern		Ps. 1000 —	
1 Vogt	à 17 ps. per Monat	„ 204 —	
	Transport	Ps. 1204 —	Ps. 26,867 50

	Transport	Ps. 1204 —	Ps. 26,867 50
14 Hirten......à 10 ps. per Monat	„	1680 —	
1 Köchin..........................	„	110 —	
Marken der Kälber................	„	350 —	
Yerba Mehl ꝛc.....................	„	450 —	
Zaunreparaturen..................	„	450 —	
Sonstige Unkosten................	„	623 50	Ps. 4867 50
		Nettoertrag	Ps. 22,000 —

Sechsstes Jahr.

Baare Bruttoeinnahme.........................		Ps. 28,760 —
Vermehrung 150 Stück Vieh.........à $4^1/_2$ ps.		„ 675 —
		Ps. 29,435 —

Unkosten.

Steuern..........................	Ps.	1000 —	
1 Vogt........à 17 ps. per Monat	„	204 —	
14 Hirten.....à 10 „ „ „	„	1680 —	
1 Köchin..........................	„	110 —	
Marken der Kälber................	„	350 —	
Yerba, Mehl, Reis ꝛc.............	„	450 —	
Zaunreparaturen..................	„	400 —	
Reparaturen an Gebäuden u. Brunnen	„	1000 —	
Sonstige Unkosten................	„	741 —	Ps. 5935 —
		Nettoertrag	Ps. 23,500 —

Siebentes Jahr.

Baare Bruttoeinnahme.........................		Ps. 16,830 —
Verminderung 470 Stück Vieh........à $4^1/_2$ ps.		„ 2115 —
		Ps. 14,715 —

Unkosten.

Steuern..........................	Ps.	1000 —	
1 Vogt........à 18 ps. per Monat	„	216 —	
14 Hirten.....à 10 „ „ „	„	1680 —	
Marken der Kälber................	„	250 —	
Abhäuten der gefallenen Thiere.....	„	350 —	
Yerba, Mehl, Reis ꝛc.............	„	550 —	
Zaunreparaturen..................	„	400 —	
Sonstige Unkosten................	„	769 —	Ps. 5215 —
		Nettoertrag	Ps. 9500 —

Summe der Nettoerträge.

Nettoertrag des	ersten	Jahres	Pes.	13,500.—
„ „	zweiten	„	„	16,000.—
„ „	dritten	„	„	19,000.—
„ „	vierten	„	„	18,500.—
„ „	fünften	„	„	22,000.—
„ „	sechsten	„	„	23,500.—
„ „	siebenten	„	„	9,500.—
Total............			Pes.	122,000.—
Durchschnittsertrag per Jahr......			Pes.	17,430.—

Das Anlagekapital war 175,000 pesos, folglich hat sich das Kapital mit ca. 10 % verzinst. Hiervon müssen allerdings noch, wenn, wie ja mit Sicherheit anzunehmen, der oder die Inhaber der Estanzia dieselbe nicht selbst verwalten, der dem Verwalter zukommende Antheil und sonstige Unkosten der Verwaltung in Abzug gebracht werden. Rechnet man diese zu 20—25 %, so ergiebt sich eine Verzinsung des Kapitals von $7^1/_2$—8 %.

Man muß nun aber in Betracht ziehen, daß hier nur der Betrieb einer ganz primitiv und ohne irgend welch rationelles System gehandhabten Estanzia geschildert ist. Es sind keine Luzernefelder angelegt worden, es ist Nichts für die Veredelung des Viehstapels geschehen; man hat nur die Zäune in Ordnung gehalten, für das Vieh Wasser gezogen, die Kälber mit der Brandmarke versehen 2c. und das zum Verkaufe sich eignende Vieh verkauft. Bei einer wirklich rationell gehandhabten Estanzia, auf welcher die nöthigen Luzernefelder angelegt sind und der Verbesserung und Veredelung des Viehstapels die gebührende Beachtung geschenkt wird, wird der Nutzen ein nicht unerheblich größerer sein. Durch Zahlenbilder läßt sich ein derartiger Betrieb allerdings schwer veranschaulichen, nach den von mir auf Seiten 25 bis 27 gemachten Angaben über Vortheile der Veredelung und moderne Verbesserungen im Betriebe wird der Leser befähigt sein, sich selbst ein ziemlich richtiges Urtheil zu bilden.

Jedenfalls wird ein umsichtiger und thätiger, beim Unternehmen selbst interessirter Leiter eines solchen Etablissements einen höheren Nutzen erzielen können als $7^1/_2$ bis 8 %. Schon durch die allmählige Veredelung des Viehstapels, welche in 10—12 Jahren bereits ziemlich weit gediehen sein könnte, würde der Werth desselben, im Falle solcher für unveredeltes Vieh auch während der ganzen Zeit keine

Steigerung erleiden sollte, von $4^1|_2$ pesos sich auf 6 bis 7 pesos per Kopf al corte erhöhen. Durch die Anlage von ausgedehnten Luzernefeldern könnte man die vielseitigsten Vortheile erzielen. Erlaubt die Beschaffenheit des Kampes ein direktes Abweiden des Luzernefeldes durch Vieh, wie auf den auf Seite 27 erwähnten Estanzias, so könnte man sämmtliche zum Verkauf bestimmten Thiere mästen, und der Vortheil wäre der denkbar günstigste. Erlaubt die Bodenbeschaffenheit ꝛc. ein directes Abweiden nicht, so hätte man wenigstens für die Stammheerden ein nahrhaftes Futter und hätte im Falle der äußersten Noth immer trockenes Luzerneheu, müßte in einem solchen Falle freilich für den Anbau anderweitiger sich zum Weidegange eignender Futtergräser Sorge tragen. Von dem guten Ernährungszustande des Viehes hängt in erster Linie die Größe der Vermehrung ab. Bei einigermaaßen gut und gleichmäßig genährtem Vieh wird man doch von 3 volljährigen Kühen 2 Kälber rechnen können und bei sehr gut genährtem von 4 Kühen 3 Kälber, während ich bei meinen Anschlägen mehr oder weniger nur von 2 Kühen 1 Kalb gerechnet habe.

Sind, wie von mir hier geplant, bäuerliche Ansiedelungen mit der Estanzia verbunden, so ist die Gelegenheit, aus dem Viehstapel einen höheren Nutzen zu ziehen, noch bedeutend vielseitiger. Die Estanzia hätte an den Familien der Ansiedler Abnehmer für Fleisch, würde also eine Anzahl Thiere besser verwerthen, als wenn sie dieselben an die Saladeros verkaufte. Für die Familie eines Ansiedlers könnte man wohl 8—10 Stück Rindvieh jährlich für deren Fleischconsum annehmen. Rechnet man von einem Stück Vieh — man würde vorzugsweise alte, aber gutgenährte Kühe schlachten — nur 10 Arrobas Fleisch, und den Verkaufspreis dieses Fleisches zu 65 cents per Arroba, so würde man das Thier wie folgt verwerthen:

10 Arrobas Fleich à 65 cents	pes.	6.50
die Haut	„	2.75
Fett, Hörner, Knochen ꝛc.	„	1.75
zusammen	pes.	11.—

Ferner würden die Kolonisten Käufer für junge nothdürftig gezähmte Ochsen sein, und die Estanzia könnte dann mit dem Verkaufe dieser Ochsen zu etwa 12 bis 15 pesos immer ein besseres Resultat erzielen, als mit dem Verkaufe derselben in ungezähmtem Zustande an die Saladeros zu $7^1|_2$ und 8 pesos. Die Estanzia würde den Betrieb der geplanten Sammelmolkerei übernehmen, über welchen ich später noch eingehende Berechnungen aufstellen werde.

5

Zieht man alle diese Umstände und Vortheile, welche durch die wechselseitigen Beziehungen zwischen der extensiv wirthschaftenden Estanzia und den intensiver arbeitenden Bauern geboten werden, in Betracht und versteht man es, durch geschickte Combinationen diese Vortheile gebührend zu benutzen, so wird es nicht schwer halten, wenn die einzelnen Jahre auch ziemlich ungleichmäßig ausfallen, eine durchschnittliche Verzinsung des Anlagekapitales von reichlich 9—10 % zu erzielen, anstatt 7½ bis 8 %, wie sich bei meiner einer leichteren Uebersichtlichkeit halber einfachen Aufmachung der Tabellen und deren Besprechung ergiebt.

Wenden wir uns zu einer Betrachtung und Erörterung der in jenen Ländern möglichen und den dortigen Verhältnissen bestens angepaßten bäuerlichen Ansiedelungen, so müssen wir die Ueberzeugung gewinnen, daß kleinbäuerliche Ansiedelungen im eigentlichen Sinne des Wortes für jene Länder nicht passend sind. Das mit landschaftlichen Reizen sehr kärglich ausgestattete Untere La Plategebiet ist nicht das Land für ein idyllisches beschauliches Dasein, für den ruhigen behaglichen Lebensgenuß in bescheidenen Verhältnissen, es ist das Land der Massenproduction, es ist das Land des großartigen Exportes und Importes, es ist daher auch das Land eines durchschnittlich großen Wohlstandes. In einem solchen Lande wird nothgedrungen der Materialismus in den Vordergrund treten, und deßhalb findet man dort das Bestreben, mit möglichster Verzichtleistung auf höhere Lebensgenüsse, welche viele Zeit rauben und die Ideen vom Geschäft und Erwerb ablenken, in verhältnißmäßig kurzer Zeit ein Vermögen zu erwerben, um später in Europa mit Ruhe und Behaglichkeit zu genießen, stark ausgebildet und verbreitet. Wenn der bäuerliche Ansiedler nun auch wirklich sich mit der Idee dort niederläßt, sich daselbst ein bescheidenes Heim zu gründen, und wenn ihm für den Anfang, in welchem ihm natürlich immer die europäischen Verhältnisse sowohl hinsichtlich der Größe des Areals als auch der Kulturen und des Absatzes der Producte vorschweben, ein Stück Land von 30 bis 40 Hektar als sehr groß erscheint, so ändern sich seine Ansichten mit den Jahren ganz bedeutend. Er sieht, so sehr er sich auch im Anfang gegen Alles sträubt und zur Wehre setzt, was nicht so ist und nicht genau so gemacht wird, wie bei ihm daheim, schließlich doch ein, daß man sein ganzes Leben und Streben und seine ganze Wirthschaft den Verhältnissen des neuen Landes, sei es hinsichtlich des Bodens, des Klimas und des Absatzes anpassen muß. Er sieht ein, daß der Ackerbau in jenen Ländern viel mühseliger, unsicherer und geringer in seinen Erträgen ist als Viehzucht, und er wird, allen den gelehrten Herren Theoretikern zum Trotz, welche bekanntlich einen derartigen Ansiedler sich nur als Ackerbauer vorstellen können, danach streben, sich einen tüchtigen Viehstapel zu verschaffen. Dazu gehört Geld und ein ziemliches großes Areal, und deßhalb muß bei der Anlage bäuerlicher Ansiedelungen auf diese Umstände Bedacht genommen, und es müssen dieselben von Anfang an für einen großbäuerlichen Betrieb, bei welchem das Hauptgewicht auf intensive Viehzucht und Viehhaltung gelegt wird, bemessen werden. Unterläßt man diese Vorsicht, so wird man die Erfahrung machen, daß gerade die Strebsamen und Tüchtigen unter den Ansiedlern der Sache am schnellsten überdrüßig werden und sich dorthin begeben, wo sie ihre Arbeitskraft besser verwerthen können und wo sie eher Aussicht haben, vorwärts zu kommen. Ein bäuerlicher Ansiedler in Ländereien mit pasto fuerte muß ein Areal von nicht unter 100 Hektaren, also ca. 400 Morgen haben.

Ich unterlasse nicht, hier nochmals ausdrücklich auf die Gefahren hinzuweisen, welche mit jeglicher Art von Ansiedelungen und speciell von Massenansiedelungen verbunden sind, und wiederholt auf die fast regelmäßig begangenen großen Fehler (siehe Seite 33) aufmerksam zu machen, mit welchen nur allzuhäufig der Grund zu großen Mißständen und schließlichem Ruin derartiger Unternehmungen gelegt wird. Je vorsichtiger und mit möglichster Vermeidung aller und jeder Ueberstürzung man operirt, und je mehr man auf den Werth und nicht auf die Zahl der Ansiedler sieht und bestrebt ist, einen tüchtigen und gediegenen Kern von Kolonisten zu sammeln und heranzubilden, desto besser und solider wird die Niederlassung sich entwickeln. Man siedle niemals junge unverheirathete Leute an, besonders keine aus den mittleren und besseren Ständen, welche sich in der Regel in großer Anzahl einstellen und in den meisten Fällen speciell für diesen Zweck von Europa aus nach derartigen überseeischen Niederlassungen dirigirt werden, (siehe Seite 1). Das Leben und die Beschäftigung eines bäuerlichen Ansiedlers am La Plata ist nur geeignet für Leute, welche an körperliche Arbeit, an Strapatzen und an eine primitive Lebensweise gewöhnt sind, und welche keine hohen Anforderungen an das Leben stellen. Es eignen sich in erster Linie dazu also Leute, welche auf dem Lande gelebt und gearbeitet haben, an frühes Aufstehen und an Wind und Wetter gewöhnt sind, Bauersöhne, Bauernknechte, ländliche Tagelöhner und dergleichen Leute. Städtische Arbeiter, welche an städtische Lustbarkeiten und Zerstreuungen gewöhnt sind, finden sich schon schwerer in ein solches Kolonistenleben. Man sollte es sich zur Regel machen, zu ersten Ansiedlern auf einem Etablissement niemals frisch aus Europa angekommene Leute zu nehmen, sondern nur Leute, welche schon mehrere Jahre in dem neuen Lande gelebt haben, in Folge dessen mit den Verhältnissen des Landes ziemlich vertraut sind und welche sich schon ein Sümmchen erspart haben. Derartige Leute haben anderwärts schon Lehrgeld gezahlt, sind anspruchsloser, einsichtsvoller und accomodationsfähiger als die Neulinge, welche mit ihrer Bockbeinigkeit und unanstelligem Wesen auch den geduldigsten und nachsichtigsten Kolonisator schließlich in Harnisch bringen können. Was die Anstellung von Beamten anbetrifft, so wird man solche Leute zu wählen haben, welche seit längerer Zeit die dortigen Verhältnisse kennen und welche genau wissen, daß sie angestellt werden, um die Arbeiten zu leisten, welche die betreffenden Stellungen erfordern. Wenn man den unverzeihlichen Fehler begeht, nur ungerathene Söhne, Vettern, Neffen, Schwäger 2c. 2c. anzustellen, damit dieselben in erster Linie die Salaire erhalten, mit welchen die betreffenden Stellungen bedacht sind, dann wird man sich wegen Mißwirthschaft und der daraus entstehenden verderblichen Folgen nicht wundern dürfen. Wer Wind säet, wird Sturm ernten.

Zur Etablirung von 48 Familien in 8 oder 12 Dörfern in den ersten zwei Jahren — eine größere Zahl in dieser ersten Zeit anzusiedeln halte ich nicht für rathsam — veranschlage ich folgende Summen:

I.

Unkosten für Vermessung des Kampes	pes.	1000 —
Materialien zur Erbauung von 48 provisorischen Hütten à 40 pes.	„	1920 —
Materialien zur Anlage von 48 Corrales für das Großvieh der Ansiedler, (per Ansiedler 120 bis 150 laufende Meter Zaun mit 8 bis 10 Drähten, kleinen Umzäunungen für Kälber und später Schweine) à 50 pes.	„	2400. —
Materialien für die nöthigen Brunnen, für Tröge zum Tränken des Viehes, für Backöfen 2c.	„	1000. —
Sonstige Ausgaben	„	1180. —
	pes.	7500. —

Sobald der neue Ansiedler seinen Brunnen gegraben und den Corral für das Vieh fertiggestellt hat, würde man ihm schon einige wenige Milchkühe geben können, und sobald er seine mit Stroh gedeckte Lehmhütte — rancho — gebaut hat, wird er Ochsen zum Pflügen, einiges Geflügel, darauf 2 Pferde und nach und nach den Rest der für ihn bestimmten Milchkühe erhalten können. Später, wenn er hinreichend neuen Kamp aufgebrochen hat, welche Arbeit nicht mit Pferden, sondern am zweckmäßigsten mit Ochsen geschieht, wenn er ein Luzernefeld, ein Maisfeld 2c. angelegt hat, kann er einige von seinen Arbeitsochsen mästen und verkaufen und sich für den Erlös Schweine, einige zahme Stuten zur Zucht, weitere Arbeitspferde 2c. anschaffen. Die Ausgaben für die Anschaffung des lebenden Inventars, dessen ein bäuerlicher Ansiedler für den Anfang bedarf, würden etwa folgende sein:

II.

12 Mestizomilchkühe mit Kälbern à 24 pes.	pes.	288.—
15 Arbeitsochsen à 20 pes.	"	300.—
2 Arbeitspferde à 20 pes.	"	40.—
Geflügel	"	12.—
	pes.	640.—
mithin per 48 Ansiedler	pes.	30,720.—

Bei der Aufstellung hinsichtlich Geräthschaften ist es schwer zu entscheiden, welche Klasse Pflüge 2c. für den Ansiedler die zweckmäßigsten sein werden. Es sind in Argentinien eine große Anzahl von verschiedenen Systemen eingeführt und im Gebrauch. Man benutzt englische, nordamerikanische, Hohenheimer, dort im Lande gemachte 2c. Ich bin der Meinung, daß der Universalpflug mit Selbstführung von Rud. Sack in Plagwitz bei Leipzig, welcher als zwei- und dreischaariger Schälpflug benutzt werden kann, für das dortige steinlose und ebene Land sich vorzüglich eignet; man müßte jedenfalls einen Versuch damit machen. Ein derartiger Pflug mit doppeltem Grindelbaum, mit zwei- und dreischaarigen Schälpflugkörpern, Häufelkörper und den erforderlichen Vorgelegen würde sich drüben vielleicht auf ca. 45 pesos stellen. Hinsichtlich Eggen würden eiserne aus Europa importirte den dort im Lande gemachten wahrscheinlich ebenfalls vorzuziehen sein; eine dreitheilige Egge mit je drei Balken und 15 Zinken würde drüben ca. 33 pesos einstehen.

Angenommen, die anzustellenden Versuche würden die Anschaffung solcher guter Geräthschaften an Stelle der gewöhnlichen und billigeren empfehlen, so würden für die Wirthschaft des bäuerlichen Ansiedlers außer den Haushaltungsgegenständen folgende Geräthschaften erforderlich sein:

III.

1 Pflug mit Zubehör	pes.	45.—
1 Egge	„	33.—
2 Spaten	„	4.50
1 Rechen	„	1.—
1 Schubkarren	„	7.—
Pflugketten	„	10.—
1 Sense mit Stiel	„	4.—
2 Heugabeln	„	6.—
1 zweiräderiger Pferdekarren	„	75.—
2 Pferdegeschirre	„	35.—
2 Ochsenjoche	„	5.—
Eimer, Milchbehälter 2c.	„	24.50
	pes.	250.—
mithin für 48 Familien	pes.	12,000.—

Das Etablissement würde ferner, um die Saat- und Erntearbeiten 2c. der Kolonisten möglichst schnell und sicher zu fördern, nachstehende Gegenstände anzuschaffen haben:

IV.

18 Mähmaschinen mit Bindern à pes. 400	pes.	7200.—
1 Dampfdreschmaschine	„	4000.—
Einige Walzen	„	500.—
Einige Putzmaschinen	„	1000.—
Leere Säcke	„	300.—
Saatkorn und dergleichen	„	2000.—
zusammen	pes.	15,000.—

Da es im Interesse der Ansiedler und in Folge auch des ganzen Unternehmens liegt, einen möglichst milchergiebigen Schlag Kühe und leistungsfähige Pferde zu besitzen, so wird das Unternehmen genöthigt sein für zweckentsprechende Stiere und Hengste zu sorgen, um den Bauern gegen ein mäßiges Deckgeld die Benutzung eines guten Zuchtmaterials zu ermöglichen. Hierzu würden weitere . . pesos 5000.— erforderlich sein. Ferner wäre man genöthigt, um die Pulperiawirthschaft*) und die mit solcher unvermeidlich verbundenen Uebelstände

*) Hinsichtlich Pulperiawirthschaft siehe Seiten 67 und 68.

zu vermeiden, ein Magazin zu errichten, was mit anderen nicht vorhergesehenen kleinen Einrichtungen noch .... 4780.— pesos erfordern würde.

Das Gesammtkapital, welches also zur Anlage und Einrichtung einer 12 □Leguas großen, vollständig eingefriedigten und zur Ansiedelung von vorläufig 48 mehr oder weniger gänzlich unbemittelten*) Kolonistenfamilien bestimmten Estanzia erforderlich wäre, würde sich belaufen auf:

I. Estanzia:

a) Land, Einfriedigungen, Gebäude, Corrales, Brunnen ꝛc. (siehe Seiten 43 u. 44)			pes. 148,780.—
b) Bewegliches todtes Inventar der Estanzia			„ 11,500.—
c) Lebendes Inventar der Estanzia			„ 83,750.—
d) Sämereien und Unkosten			„ 5,970.—
			pes. 250,000.—

II. Bäuerliche Ansiedelungen.

e) Einrichtungen und Materialien zur Ansiedlung ..	pes.	7,500.—	
f) Vieh der Ansiedler	„	30,720.—	
g) Geräthschaften d. Ansiedler	„	12,000.—	
h) Maschinerien	„	15,000.—	
i) Zuchtvieh	„	5,000.—	
k) Waarenlager ꝛc.	„	4,780.—	
			„ 75,000.—
Total			pes. 325,000.—
oder ca. Reichsmark			1,300,000.—

Selbstverständlich kann mit der Ansiedelung der Bauern nicht eher begonnen werden, als bis die Estanzia vollkommen eingerichtet ist und die erforderlichen Schritte gethan worden sind, um den Ankauf des für die Bauern benöthigten Viehes, der Materialien zur Errichtung der Hütten und der Corrales ꝛc. einzuleiten und zu sichern. Einer der Hauptübelstände bei derartigen Unternehmungen, bei sämmtlichen Ackerbaukolonien in jenen Ländern ist der gewesen, daß die Kolonisten in der ersten Zeit ihrer Ansiedelung bis zur ersten Ernte gar keine Einnahmen hatten, und daß die Kolonisatoren daher gezwungen waren, an die Kolonisten Lebensmittel auf Kredit zu vertheilen. Dieses System der Lebensmittelvertheilung hat fast ausnahmslos negative Resultate zur Folge gehabt und zu zahlreichen Mißbräuchen und späteren großen Cala=

*) Hinsichtlich unbemittelter Kolonisten siehe Näheres Seiten 33 u. 66.

mitäten Veranlassung gegeben.*) Man wird freilich bei irgend einer Anlage von bäuerlichen Ansiedelungen immer Kredit in ziemlich ausgedehntem Maaße gewähren müssen, jedoch ist es nicht gleichgültig, wofür und an wen der Kredit gewährt wird. Man kann und muß im vorliegenden Falle dreierlei verschiedene Klassen von Kreditgewährung mit dreierlei verschiedenem Risiko ganz bestimmt unterscheiden:

1. für Immobilien, also Land, Haus, Brunnen 2c.,
2. für Mobilien, z. B. Haus- und Ackergeräthschaften, Vieh, Kleidungsstücke u. s. w.,
3. Lebensmittel oder gar baares Geld.

Im ersten Fall ist das Risiko, wenn man hinsichtlich der Urkunden über Besitztitel die nöthige Vorsicht beachtet, kein großes, denn mit dem Lande, dem Brunnen 2c. kann ein Ansiedler nicht davonlaufen, auch kann er solches nicht verkaufen noch verpfänden. Im zweiten Falle ist schon ein erhebliches Risiko vorhanden, denn die beweglichen Gegenstände können auf die mannigfachste Art und Weise eingebüßt werden. Das Vieh kann sterben, verlaufen und wie auch die übrigen Gegenstände gestohlen werden; der Kolonist kann dieselben verkaufen, verpfänden und verspielen, welche Fälle schon sämmtlich und oft genug vorgekommen sind. Im dritten Falle ist das Risiko das denkbar größte, denn die Lebensmittel verzehrt der Kolonist, das baare Geld verausgabt er und im Falle, daß ihm die Ernte durch Frost, Dürre, Heuschrecken, Hagel 2c. verloren geht, dann existiren für diese Schulden keine Werthgegenstände, man ist sogar gezwungen, um die kreditirte Summe durch ein Davonlaufen des verschuldeten Kolonisten nicht gänzlich einzubüßen, letzterem abermals Vorschüsse in Lebensmitteln 2c. zu machen, um ihn zum Weiterarbeiten zu befähigen. So geräth der Kolonist immer tiefer in Schulden, wird erst mißmüthig, dann gleichgültig, nachläßig und frech, und schließlich ist man froh, wenn er nur davonläuft und nicht noch neue Schulden macht. Nachdem in Argentinien das Kolonisationsfieber erloschen war, hat auch kein Privatunternehmer Lebensmitteln an Kolonisten auf Kredit vertheilt; wer eben nicht die nöthigen Existenzmittel hatte, um sich bis zur ersten Ernte durchzuschlagen, der konnte nicht Kolonist sein, sondern mußte als Knecht arbeiten.

Um dieses verderbenbringende System der Lebensmittelvertheilung auf Kredit, wenn es häufig nicht gänzlich vermieden werden kann,

*) Siehe Karl Friedrich. „Die Laplataländer“ u. s. w. bei L. Friederichsen & Co., Hamburg 1884. Seiten 80 und 119.

auf ein möglichst geringes Maaß und eine möglichst kurze Zeit zu beschränken, beabsichtige ich durch Anlage einer Sammelmolkerei dem Ansiedler von dem Momente an, in welchem er seinen Brunnen gegraben und seinen Corral fertiggestellt hat und im Stande ist, einige Milchkühe zu halten, Gelegenheit zu geben, sich durch Verkauf von Milch eine Einnahme zu verschaffen. Die Milch ist das Product, welches ein bäuerlicher Ansiedler in jenen Ländern mit der größten Leichtigkeit und mit der absolut größten Sicherheit **tagtäglich** erzielen kann, und durch die tägliche Einlieferung von Milch giebt der Ansiedler einen genügenden Gegenwerth für die zu seinem und seiner Familie Unterhalte nothwendig täglich zu erwerbenden Artikel, als Fleisch, Mais, Reis, Fett, Mehl 2c. Allerdings wird eine derartige Molkerei, welche hauptsächlich auf die Bereitung von Hartkäse angewiesen sein wird, den Ansiedlern keine sehr hohen Preise für die Milch bezahlen können. Nach den weiter unten angeführten Berechnungen über Rentabilität einer Molkerei wird man im Stande sein, dem Ansiedler $1^1/_4$ cents, also ca. $5^1/_8$ ₰ per Liter zu bezahlen und selbst, wenn man nur 1 cent, also ca. 4 ₰ vergüten könnte, so ist eine derartige sichere und tägliche Einnahme für das Fortkommen eines Ansiedlers von der größten Wichtigkeit. Selbstverständlich wird der Milchertrag seiner Kühe in der allerersten Zeit, so lange dieselben ausschließlich auf die Kampweide angewiesen sind, kein reichlicher sein, derselbe wird jedoch, sobald der Ansiedler im Stande ist, Luzerne oder grünen Mais, grüne Gerste oder derartiges Futter zu geben, was unter günstigen Umständen sehr bald der Fall sein kann, sich zufriedenstellend gestalten.

Ich will nicht unterlassen, hier noch ganz speciell auf einen großen Uebelstand hinzuweisen, welcher in den Ackerbaukolonien und im Kampe überhaupt den Keim zur Korruption und Untergang vieler Ansiedler gelegt hat. Es sind solches die kleinen mit Schnapsverkauf verbundenen Kramläden, „pulperias" genannt, deren Inhaber und Eigenthümer in den meisten Fällen nur auf die niedrigen Leidenschaften der Menschen spekuliren, um ihre Opfer auszubeuten. In fast sämmtlichen Ackerbaukolonien trachtete man darnach, im Mittelpunkte des gesammten Terrains ein Städtchen anzulegen, in welchem die Verwaltung, die Schulen, die Kirche, die verschiedenen Gewerke 2c. ihren Sitz haben sollten, und in diesen Städtchen verkauft man selbstverständlich die Grundstücke als Bauplätze zu einem bedeutend höheren Preise als das Ackerland. Man betrachtet es natürlich als ein gutes

Geschäft und freut sich, wenn ein derartiges kleines Grundstück, welches früher als Weideland für Rindvieh nicht einmal den Werth von 50 ₰ gehabt hatte, jetzt als „Bauplatz“ an einen unternehmenden „Kaufmann“ für etwa 50 ℳ oder 50 pesos verkauft wird, bedenkt aber nicht, daß dieser „Kaufmann“ nicht wie die Handwerker ꝛc. durch schaffende Arbeit zum Aufschwung der Kolonie beiträgt, sondern daß er nur beabsichtigt, von der Arbeit der Bauern zu leben und sich zu bereichern. In den weitaus meisten Fällen wird ein derartiger „Kaufmann“, um schnell zu Wohlhabenheit zu gelangen, versuchen, die Bauern zum Trinken, Spielen und leichtsinnigem Schuldenmachen zu verleiten. Können die Leute dann die Schulden zu rechter Zeit nicht abtragen, so wird der „Kaufmann“ ihnen in erster Linie ihr Vieh, dessen sie zum Fortkommen unbedingt bedürfen, abpfänden lassen. Diese Pulperias bilden überhaupt den Sammelpunkt und Aufenthalt von allen möglichen arbeitscheuen und verworfenen Subjecten, welche sich im Kampe umhertreiben. Man sieht dann ein, freilich zu spät, daß der Verkauf des früher keine 50 ₰ werthen Terrains zum Preise von 50 ℳ oder 50 pesos als Bauplatz an den unternehmenden „Kaufmann“ ein sehr schlechtes Geschäft gewesen ist, und man würde unter Umständen wohl gerne 5000 und mehr pesos ausgeben, wenn man den infamen Blutsauger wieder los werden könnte. Man muß diesen Krebsschaden ebenso wie den Nepotismus **unter allen Umständen fern halten** und bei jeder auszufertigenden Verkaufsurkunde die Klausel einschalten, daß während eines gewissen Zeitraumes, vielleicht 20 bis 30 Jahre, ohne specielle Genehmigung der Centralleitung *kein Detailgeschäft mit Schnapsverkauf, keine Pulperia* auf dem betreffenden Grundstücke etablirt werden darf. Um nun den Bauern Gelegenheit zu geben, sich ihre nothwendigsten Bedarfsartikel, als Mehl, Salz, Yerba, Reis, Seife, Tabak ꝛc. sowie Geräthschaften und Kleidungsstücke zu verschaffen, muß von der Verwaltung des Etablissements ein mit diesen nothwendigsten Sachen ausgerüsteter Laden eingerichtet werden, in welchem die Bauern die verlangten Gegenstände in möglichst guter Qualität und zu einem möglichst billigen Preise, also *ohne alle und jegliche Uebervortheilung* erhalten können. Dieser Laden oder Magazin braucht im Anfange in jeder Woche nur ein oder zwei Male geöffnet zu werden und auch dann nur auf einige Stunden, welche Zeit bei einer Zunahme der Besiedelung ja im Verhältniß ausgedehnt werden könnte. Bei Zunahme der Bevölkerung müßte natürlich, um einen

Ort der geselligen Zusammenkunft zu schaffen, die Errichtung einer anständigen Gastwirthschaft gestattet werden.*)

Was die Eintheilung der Grundstücke anbetrifft, so hat man in den Ackerbaukolonien der dortigen Länder das auch in Nordamerika übliche System der Schachbretteintheilung befolgt. Man gab den Grundstücken, wie weiter oben schon erwähnt, eine Größe von 20 □Cuadras — ca. 33¾ Hektaren — und setzte den Kolonisten mutterseelenallein auf sein Land hin. Abgesehen davon, daß Grundstücke von 20 □Cuadras für dortige Verhältnisse viel zu knapp bemessen sind, wie die Erfahrung später zur Genüge gelehrt hat, so fühlten sich die meisten Kolonisten auch zu einsam und verlassen auf ihrem Lande, und ich halte es für zweckmäßiger, die Bauern in kleinen Dörfern anzusiedeln. Allzu nahe dürfen die Wohnungen freilich auch nicht stehen, denn sonst entstehen schon durch die Hühner, welche im Garten der Nachbarn scharren, und dergleichen Kleinigkeiten Steitigkeiten und Feindschaft unter den Anwohnern. Ein Dorf von vier Familien läßt sich, auch bei quadratförmiger Eintheilung der Grundstücke, ja schon dadurch leicht schaffen, daß man an den Kreuzwegen die Wohnungen der Ansiedler in die an diesen Kreuzweg stoßenden Winkel ihres Landes setzt (siehe Figur A).

Figur A.

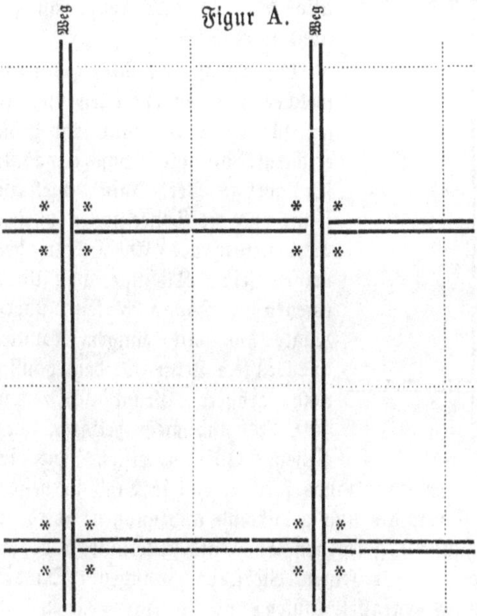

Sind die Grundstücke in länglichen Vierecken, also handtuchartig eingetheilt, so kann man ein größeres Dorf von sechs Familien da-

* Siehe „Die La Plataländer“ von Karl Friedrich. Seiten 70 und 87.

durch bilden, daß man von je sechs mit ihren Kopfenden an einem und demselben Wege belegenen Grundstücken die Häuser der in der Mitte liegenden Bauern in der Mitte des Kopfendes des betreffenden Grundstückes, und die der nach außen hin liegenden in die nach innen gelegenen Winkel ihres Landes, von diesen zwei am Kreuzwege, errichten läßt, (siehe Figur B). Bei dieser zweiten Eintheilung würden bedeutend weniger Wege erforderlich sein, es könnte also das Terrain besser ausgenutzt werden.

Figur B.

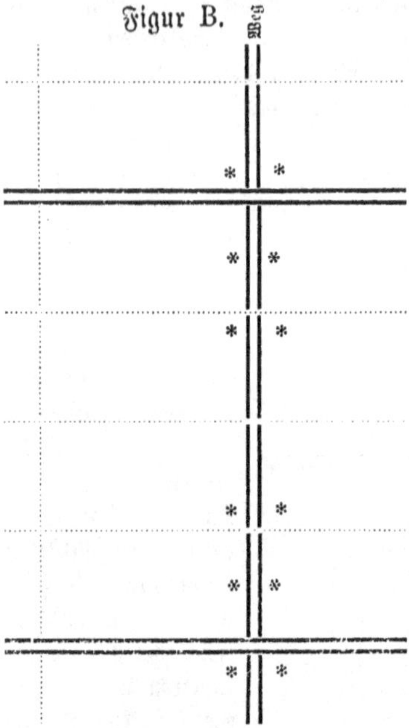

Ein Areal von $33\frac{3}{4}$ Hektaren, welches nach europäischen Begriffen für ein Bauerngut sehr groß erscheint, ist wie schon erwähnt, für dortige Verhältnisse viel zu klein, und die Concessionen dürfen nicht kleiner als 100 Hektare bemessen sein. Tüchtige, von ihrer eigenen Leistungsfähigkeit überzeugte und mit einigem Kapital ausgerüstete Leute werden häufig noch größere Grundstücke, von 150, 200 und mehr Hektaren vorziehen. In der ersten Zeit, in welcher ein Ansiedler selten im Stande sein wird, sein Land in dessen ganzer Ausdehnung zu beackern und gebührend auszunutzen, wird er den seiner Wohnung zunächst gelegenen Theil als Ackerland und den entfernteren als Weideland für seinen Viehstapel benutzen. Da die Grundstücke eines Dorfes parallel laufen und in ihren Tiefen mit denen des gegenüberliegenden Dorfes zusammenstoßen, so läßt sich das Hüten des Viehes dadurch sehr vereinfachen, daß zwei bis drei Menschen, alte Leute oder größere Knaben, das Hüten des sämmtlichen Viehes einer Dorfschaft auf deren vorläufig noch nicht zum Beackern benutzten Ländereien übernehmen. Später werden die Kolonisten, sobald ihre Mittel es ihnen gestatten, wahrscheinlich darnach trachten, ihre Grundstücke nicht allein total einzufriedigen, sondern auch verschiedene Unterabtheilungen einzurichten, um ihr Vieh abwechselnd in diesen Unterabtheilungen weiden zu lassen.

Rechnet man von dem zu bäuerlichen Ansiedelungen bestimmten Terrain 10 % für Wege und Plätze, Schulhaus nebst Wohnung und Land für den Lehrer, Begräbnißplatz ꝛc. ꝛc. ab, so würde man, wenn man per Ansiedler 1 □km Terrain annimmt, auf einer □Legua von 27 □km ja etwa 24 Familien ansiedeln können. In der Annahme jedoch, daß ein Theil des in Frage kommenden Terrains aus nicht kulturfähigen Niederungen ꝛc. besteht oder mit Wald und Buschwerk bestanden ist, es auch rathsam sein dürfte, einen Theil des Landes zu Baumpflanzungen zu bestimmen, rechne ich nur 20 Familien per □Legua. Der Werth des an die Bauern zu verkaufenden Landes würde mit Rücksicht darauf, daß deren Saaten durch den äußeren Zaun ja gegen jegliche Zerstörung durch fremdes Vieh geschützt sind, als auch im Hinblick auf die mannigfachen Vortheile, welche die Bauern durch die Estanzia haben, z. B. die Existenz einer Sammelmolkerei, die billige Benutzung von guten Zuchtthieren sowie von Mäh- und Dreschmaschinen ꝛc., mit 15 pesos nac. per Hektar wohl nicht zu hoch angesetzt sein, und es würde sich also der Preis einer Concession von 100 Hektaren auf 1500 pes. stellen. Solches würde ergeben für 20 Concessionen .... pes. nac. 30,000.—

Rechnet man nun, daß trotz aller Vorsicht bei der Auswahl der Kolonisten doch eine Anzahl derselben verkommen, nicht bezahlen können und schließlich gänzlich ausgewiesen werden müssen, so würde man sein Land ja immer behalten, von demselben jedoch keinen Nutzen haben und auch in anderer Hinsicht wahrscheinlich mannigfache Verlüste erleiden; ich rechne deßhalb für derartige Verlüste 15 % ab = ... „ „ 4,500.—

Es bleiben demnach .... pes. nac. 25,500.—

Den Kostenpreis des Landes habe ich angenommen zu .... pes. 8000.—

Der Antheil jeder □Legua an dem Kostenpreis der Umzäunung ist etwa .... „ 2600.—

Der Antheil an der Vermessung ist ungefähr .... „ 350.—

Sonstige Unkosten .... „ 50.— „ „ 11,000.—

mithin verbleiben pes. nac. 14,500.—

als Gewinn beim Verkaufe einer □Legua Land an bäuerliche Ansiedler.

Ein mit geringen oder keinen Mitteln ausgerüsteter bäuerlicher Ansiedler kann natürlich sein Land erst im Laufe der Jahre bezahlen, und ein tüchtiger, fleißiger, umsichtiger und sparsamer Wirthschafter — Leute, welche diese Eigenschaften nicht haben, muß man überhaupt nicht nehmen — welcher im Stande ist, einen Theil seines Inventars, vielleicht 300 bis 400 pes. baar zu bezahlen, würde wahrscheinlich in spätestens 11 Jahren, und ein solcher, welcher keine Anzahlung machen kann, würde wohl in spätestens 12 Jahren aus allen seinen Schulden heraus sein und außerdem soviel erübrigt haben, um inzwischen ein steinernes Haus für sich, und für seine Milchkühe und Arbeitsvieh eine leichte Stallung zum Schutze gegen Nachtfröste, kalte Winde und kalte Regen erbauen zu können.

Für die der Gesellschaft sowohl auf die Concession als auch auf das Vieh und Geräthschaften schuldigen Gelder würde der Ansiedler Zinsen zu bezahlen haben und zwar für letztere Gelder etwa 8 % und für erstere

vielleicht 5 % in den ersten 6 Jahren,
6 % „ „ nächsten 3 Jahren
und 7 % „ „ folgenden Jahren.

Hat ein Kolonist in 11 resp. 12 Jahren seine Schulden nicht abgetragen, so werden ihm noch höhere Zinsen, etwa 8 % berechnet, um ihn bei Zeiten anzuspornen, sich während eines niedrigen Zinsfußes frei zu arbeiten.

Das Kapital, mit welchem ein Ansiedler seine auf einen großbäuerlichen Betrieb berechnete Wirthschaft beginnt, würde sich in der Annahme, daß die unternehmende Gesellschaft auf die gelieferten Gegenstände, Vieh ꝛc. für Ankauf, Verlüste und Risiko 15 % aufschlägt, auf total 2700 pes. oder ca. 11 000 Mark belaufen; es würde, durch folgende Gegenstände repräsentirt werden:

I. Die Concession.		Pes. 1500.—
II. Materialien		
zum Bau einer provisorischen Hütte pes. 40.— und 15 % (siehe Seite 62)	pes. 46.—	
zur Herstellung eines Corales pes. 50.— und 15 %	„ 57,50	
zu Brunnen, Trögen, Backofen ꝛc. ca. pes. 48.— und 15 %	„ 55,20	
		„ 158,70
		Transport pes. 1658,70

	Transp. pes.	1658,70
III. **Vieh.**		
Milchkühe, Ochsen, Pferde etc. laut Seite 63		
pes. 640 und 15 %.	„	736.—
IV. **Geräthschaften.**		
Acker- und Arbeitsgeräthschaften laut Seite 64		
pes. 250.— und 15 %.	„	287,50
	pes.	2682,20
für Kleinigkeiten	„	17,80
Total	pes.	2700.—

Im Anfange wird für einen Ansiedler das Ackern mit Ochsen vortheilhafter sein als mit den kleinen einheimischen Pferden, weil erstens der Ochse, wenn er mäßig und mit Unterbrechung arbeitet, nicht unbedingt Kraftfutter nöthig hat wie das Pferd, zweitens, weil der Bauer einen Ochsen, den er als $2\frac{1}{2}$—3jährig und halbgezähmt mit vielleicht 15—20 pes. gekauft hat, später als 5- oder 6jährigen Ochsen, wenn zur Winterzeit fett, mit etwa 30 pes. wieder an einen Schlachter verkaufen kann und drittens, weil die Unkosten für Ochsengeschirre bedeutend geringer sind als für Pferdegeschirre. Sobald jedoch nach Ueberwindung der ersten schwierigsten Zeit der Ansiedler besser eingerichtet und seine Wirthschaft geregelter geworden sein wird, wird es zu empfehlen sein, daß alle Arbeiten mit den bedeutend rascher gehenden Pferden beschafft werden, und der Bauer wird darauf bedacht sein müssen, sich mit Benutzung des von der Direction znr Verfügung gehaltenen Zuchtmaterials eine geeignete Rasse zu züchten.

Selbstverständlich sind die ersten zwei Jahre die schwersten und mühseligsten für einen Ansiedler, weil derselbe sich erst in die neuen ungewohnten und vorläufig noch aller Bequemlichkeiten entbehrenden Verhältnisse hineinfinden soll, sowie auch mit der Errichtung seines Corrales und seiner Hütte sowie sonstiger kleiner Anlagen und mit der Ausrottung und Vertilgung von Ameisen und der Biscacha, einer wilden Kaninchenart, viele Zeit verloren geht. Möglicherweise verfließen auch $1\frac{1}{2}$ Jahre, ehe der Ansiedler die erste Weizen- oder Leinsaaternte hat und er wird, da er in dieser ganzen Zeit außer vielleicht etwas Mais keine Producte des Ackerbaues direct zu Gelde machen kann, sondern auf den Verkauf von Milch, Eiern und Geflügel angewiesen ist, nicht im Stande sein, Abschlagszahlungen von irgend welcher Bedeutung zu machen. Es muß ferner in Anschlag gebracht werden, daß es eine der **nothwendigsten** Arbeiten eines Ansiedlers sein muß, für sein Vieh reichliches und nahrhaftes Futter zu schaffen, und er wird solches am leichtesten durch die Anlage eines der Größe seines Viehstapels entsprechenden Luzernefeldes erreichen. Auch für eine leichte Stallung, um wenigstens die Milchkühe und das von der Arbeit warm gewordene und vielleicht mit Schweiß bedeckte Arbeitsvieh vor kalten Regen, kalten Winden und Nachtfrösten zu schützen, wird ein wirthschaftlicher und vorsorglicher Bauer Sorge tragen müssen, und schließlich wird er, wenn nach Verlauf von 5 bis 6 Jahren die Lehmhütte anfängt, sehr schadhaft und baufällig zu werden, den Wunsch hegen und das Bedürfniß empfinden, für sich und seine Familie ein steinernes Haus zu bauen. Alle diese Einrichtungen erfordern Opfer an Zeit und Geld, erhöhen aber auch den Werth des Besitzthums und spornen den Eifer des Ansiedlers an.

Seine Einnahmen erzielt ein bäuerlicher Ansiedler durch Viehzucht, Viehhaltung und Ackerbau. **Um bei einem Voranschlag zu einem möglichst zuverlässigem Resultate zu gelangen, wird man wohlthun, die Erträge sowohl der Menge als auch dem Werthe nach etwas niedrig anzusetzen. Es ist jedenfalls besser, wenn das Ergebniß eines Unternehmens in Wirklichkeit sich etwas günstiger erweist als angenommen, als daß die Resultate schließlich weit hinter den gehegten Erwartungen zurückbleiben.**

Ertrag der Viehhaltung und Viehzucht eines bäuerlichen Ansiedlers.

Der Hauptertrag, besonders in der ersten Zeit, würde der Verkauf von Milch sein; derjenige von Eiern und Geflügel würde, wenn auch nicht viel, so doch immerhin etwas einbringen. Ich bin fest überzeugt, daß gute Halbblutkühe, wie man solche drüben am La Plata ja schon in beträchtlicher Anzahl hat und deren Ankauf für die Bauern auch von mir geplant ist, bei guter Pflege und ausreichendem Futter — grüne oder trockene Luzerne, Mais, Gerste und Roggen als Grünfutter oder in Körnern, Kartoffeln, Kleie oder was der Bauer gerade erntet oder sich verschaffen kann — im Durchschnitt reichlich 1500 Liter Milch per Jahr geben werden, ein Ertrag, welcher hier in Deutschland bei Vieh auf magerem Boden und bei knappem Futter noch als ein sehr geringer gilt. Ich will jedoch, da irgend welche zuverläßige Daten in dieser Hinsicht nicht zu erlangen sind, der Vorsicht halber im ersten Jahre nur 1000 Liter, dann 1200 und später, wenn der Bauer für eine Stallung Sorge getragen und seine Kühe zum Theil auch mehr veredelt hat, 1250 und schließlich 1300 Liter Milch per Kuh und per Jahr rechnen. Den Preis der Milch, welchen die Sammelmolkerei den Bauern voraussichtlich bezahlen kann, setze ich zu 1¼ cents per Liter an. Rechnet man nun auch, daß eine oder die andere Kuh durch Tod oder Diebstahl verloren geht und daß der Bauer die älteren Kühe zurücksetzt und schlachtet, so wird sein Viehstapel, im Falle derselbe von Seuchen verschont bleibt, sich doch allmählich vermehren, und man wird, wenn man 40 Milchkühe als die höchste Zahl für eine 100 Hektare große Stelle rechnet, den Bestand an Kühen, sowie den Ertrag und Werth der Milch folgendermaaßen annehmen können:

Jahr	Kühe	Liter	Liter	pes.	Jahr	Kühe	Liter	Liter	pes.
1.	12	à 1000	= 12000	150	7.	30	à 1250	= 37500	470
2.	12	à 1200	= 14400	180	8.	35	à 1250	= 43750	545
3.	16	à 1200	= 19200	240	9.	39	à 1300	= 50700	630
4.	19	à 1200	= 22800	285	10.	40	à 1300	= 52000	650
5.	22	à 1200	= 26400	330	11.	40	à 1300	= 52000	650
6.	25	à 1200	= 30000	375	12.	40	à 1300	= 52000	650

Die Stierkälber der ersten Zeit wird der Ansiedler wahrscheinlich als Ochsen aufziehen und dieselben entweder fettmachen und im Winter, in welcher Zeit, wie auf Seite 18 erwähnt, Schlachtvieh für die städtischen Schlachtereien sehr gesucht ist und gut bezahlt wird, verkaufen, oder er wird sie zu Zugochsen verwenden und dafür eine entsprechende Zahl der zu Anfang erhaltenen und im Laufe der Zeit größer und werthvoller gewordenen Zugochsen an einen Schlachter verkaufen. Später, wenn sich sein Viehstapel mehr veredelt hat, und wenn die Kälber von guten edlen Stieren abstammen, wird es dem Bauern mehr Rechnung lassen, junge Stiere als Zuchtstiere an fremde Estanzieros zu verkaufen. Aus dem Verkaufe von Ochsen, Stieren und Kühen wird der Bauer bei mäßig angesetzten Preisen etwa folgende Summen lösen können:

im dritten Jahre	2 alte fette Ochsen	à 30 pes.	= pes. 60.—	
	3 junge „ „	à 15 „	= „ 45.—	pes. 105.—
im vierten Jahre	2 alte fette Ochsen	à 30 pes.	= pes. 60.—	
	3 junge „ „	à 15 „	= „ 45.—	pes. 105.—
im fünften „	5 junge „ Thiere	à 15 „	=	„ 75.—
im sechsten „	6 „ „ „	à 15 „	=	„ 90.—
im siebenten „	7 „ „ „	à 15 „	=	„ 105.—
im achten „	8 „ „ „	à 15 „	=	„ 120.—

im neunten Jahre 9 junge fette Thiere	à 15 pes.	=	pes. 135.—
im zehnten „ 10 „ „ „	à 15 „	=	„ 150.—
im elften „ für Stiere und Kühe			„ 250.—
im zwölften „ „ „ „ „			„ 300.—

Von den ursprünglich erhaltenen 15 zahmen Arbeitsochsen hat der Bauer vielleicht einen durch Tod oder Diebstahl verloren, vier sind als verkauft angenommen, und die übrigen zehn wird er ebenfalls mästen und im Winter an eine städtische Schlachterei zum Preise von etwa 30 pesos verkaufen. Von diesem Gelde, ca. 300 pesos, kann er den größten Theil zur Anschaffung von Pfählen und Draht zur Einfriedigung eines größeren Weideplatzes und den Rest zur Erwerbung von 8 bis 12 jungen ausgesuchten und nothdürftig gezähmten Stuten zu etwa 8 bis 10 pesos per Stück verwenden. Diese Stuten wird er vollständig zähmen, mit denselben seine Ackerarbeiten verrichten, und von ihnen mit Benutzung eines der von der Estanzia gehaltenen Hengste Füllen aufziehen. Derartige von einem Mestizohengste abstammende Thiere würden, wenn dieselben nur etwas mehr als dortige Durchschnittsgröße und einigermaaßen günstige Körperformen haben, als dreijährige Thiere einen Werth von mindestens 30—35 pesos und später, wenn sich das Stutenmaterial eines Bauern verbessert und veredelt hat, von durchschnittlich 40 bis 50 pesos haben. Der Bauer würde mit dem Verkaufe von jungen Pferden wohl folgende Summen einnehmen können:

im sechsten Jahre 100 pesos		im neunten Jahre 160 pesos
„ siebenten „ 120 „		„ zehnten „ 200 „
„ achten „ 140 „		„ elften „ 250 „

im zwölften Jahre 250 pesos.

Außer der durch den Verkauf von Milch, Rindern und Pferden erzielten Einnahmen wird der Bauer noch Geflügel, Eier und fettgemachte Schweine zu Gelde machen können. In einzelnen Jahren, in welchen er eine ergiebige Ernte von Mais, Gerste, Kartoffeln oder anderen Produkten, welche als solche schwer zu verwerthen sind, erzielt hat, kann er diese Producte zur Mast von Ochsen oder Hammeln benutzen und das betreffende Geschäft mit Hülfe der Estanzia und für gemeinschaftliche Rechnung folgendermaaßen machen. Die Estanzia giebt ihm je nach seinem Vorrath an Futterstoffen im Herbst oder im Anfang des Winters 5, 10 oder 20 magere Ochsen zum Mästen, und berechnet dafür einen entsprechenden Preis, z. B. 9 pesos. Werden diese Ochsen später für etwa 18 pesos an eine städtische Schlächterei 2c. verkauft, so erhält der Bauer von diesem 9 pesos betragenden

Mehrwerth 2/3 und die Estanzia 1/3 Antheil. Auf diese Art und Weise machen beide ein Geschäft. Die Estanzia verwerthet den Ochsen, welcher sonst nur 9 pesos werth war, zu 12 pesos, und der Bauer verwerthet die unverkäuflich gewesenen Futterstoffe, ohne Kapital zum Viehankauf nöthig zu haben. Für die aus dem Verkaufe von Eiern und Geflügel sowie mit Mastung von Schweinen, Ochsen ꝛc. erzielten Beträge will ich, obgleich Hühnereier im Winter mitunter mit 50 bis 75 cents, also nach unserm Gelde mit 2 bis 3 Mark, das Dutzend in der Stadt Buenos Aires bezahlt werden, und da es für einen Bauern ja keine Schwierigkeit hat, sich 50 bis 60 Hühner zu halten, nur niedrige Summen veranschlagen, da Schweinemast in dortigen Ländern wegen der Billigkeit des Rind- und Schaffleisches begreiflicherweise bei weitem nicht so lohnend ist wie hier in Europa, wo die Fleischpreise bedeutend höher sind. Ich nehme als einen Durchschnittsertrag für auf vorstehende Weise zu erzielende Einnahmen an:

im ersten Jahre	20	pesos
„ zweiten „	60	„
„ dritten „	80	„
„ vierten u. fünften Jahre	100	„
in den folgenden Jahren	120	„

Möglicherweise kann ein Bauer, wenn er ausgedehnte Luzernefelder besitzt, später auch mit Nutzen die Zucht und Haltung von Schafen und Mastung von Hammeln betreiben, er müßte dann aber, im Falle er nur 100 Hectare Land bewirthschaftet, den andern Viehstapel im Verhältniß einschränken.

Ertrag des Ackerbaues eines bäuerlichen Ansiedlers.

Der lediglich als Raubbau betriebene Ackerbau kann, wie ich auf Seiten 31—38 zu beweisen versucht habe, soweit der directe Verkauf von Ackerbauproducten in Betracht kommt, für einen Bauern nur von untergeordneter Bedeutung sein, besonders bei niedrigen Getreidepreisen, wie sie gegenwärtig bezahlt werden. Trotz der ziemlich zahlreichen Plagen sowohl des Klimas als auch der Thierwelt, welchen der Ackerbau in jenen Ländern ausgesetzt ist, und welche bewirken, daß Mißernten häufig und in Folge dessen die durchschnittlichen Erträge nur ziemlich mittelmäßige sind, muß der Bauer dennoch alle Zeit, die ihm nach Aufwartung seines Viehes zur Verfügung bleibt, auf den Ackerbau verwenden, selbst wenn es keinen anderen Zweck hätte, als ihn vom Müßiggang zurückzuhalten. Müßiggang ist bekanntlich aller Laster Anfang, und man muß ängstlich darauf achten, daß die Bauern nicht in diesen Fehler verfallen. In Verbindung mit einer größeren und, soweit es die dortigen Verhältnisse gestatten, möglichst intensiv betriebenen Viehzucht erhält der Ackerbau auch einen anderen Character. Erstens kann der Bauer das Stroh seines Weizens, Roggens 2c., welches der Raubbauer auf dem Felde verfaulen läßt oder verbrennt, in seinen Corral streuen und Dünger gewinnen, und er wird im Stande sein, mit Anwendung dieses Düngers bessere Erträge an Weizen, Flachs 2c. zu erzielen als der Raubbauer. Zweitens braucht er seine Kulturen nicht wie der Raubbauer auf eine oder zwei Sorten Getreide zu beschränken, sondern es bietet sich ihm die Möglichkeit einer Fruchtfolge, weil er eine Anzahl Producte, z. B. Roggen, Gerste, Kartoffeln, selbst Mais u. s. w., welche als solche meistens sehr schwer verkäuflich sind und deren Anbau daher, wenn er auch nicht gänzlich unterbleibt, so doch auf ein ganz geringes Maaß beschränkt wird, zur Fütterung und Mastung seines Viehstapels immer verwerthen kann. Positive Angaben hinsichtlich einer Fruchtfolge lassen sich wegen gänzlichen Mangels an Erfahrungen und geeigneten Versuchen nicht machen; für die dortigen Verhältnisse scheint mir folgende Fruchtfolge in der Ackerwirthschaft eines Bauern die passendste zu sein:

I. Jahr Mais im neuaufgebrochenen Kampe, dessen Aussaat, im Falle man keine Zeit mehr hat, den Acker für die Einsaat von Weizen gehörig zu bearbeiten und mürbe zu machen, von Anfang September bis Anfang Januar, und dessen Ernte vom März bis Mitte Mai etwa stattfindet. Hierauf Entfernung des Maisstrohes, Umbrechen des Ackers, in welchem in den Monaten Juni und Juli für das

II. Jahr Weizen gesät wird, dessen Ernte von Ende November bis Anfang Januar stattfindet. Ist der Boden in dieser Zeit vom Regen erweicht und eine Bearbeitung desselben möglich, so kann der Bauer einen Theil der Weizenstoppeln umpflügen, um Mais oder Kartoffeln zu pflanzen, welche Ausgangs April oder Anfang Mai geerntet werden können, oder er kann auch Mais oder Gerste säen, um solche als Grünfutter während des Herbstes zu füttern. Will oder kann der Bauer diese ebengenannten Zwischenkulturen nicht machen, so wird er je nach Zeit und Umständen die Stoppeln schälen, später pflügen 2c. und im Winter oder Frühjahr für das

III. Jahr Leinsaat säen, deren Ernte in den Monaten November und December stattfindet. Der Bauer kann hierauf, wie für das Vorjahr angegeben, kleine Zwischenkulturen machen, er kann auch, im Falle das Land an Ertragfähigkeit schon merklich nachzulassen scheint, und wenn eine Düngung nicht stattfinden kann oder soll, das Land einige Jahre wieder als Viehweide benutzen. Ist das Land jedoch noch in guter Kraft, so könnte ja noch ein Jahr mit Weizen oder zur Hälfte andere Saaten folgen, ehe man dem Lande für einige Jahre Ruhe läßt. Hat der Bauer, was bei seinem Viehstapel ja nicht zu den Unmöglichkeiten gehören dürfte, einen hinreichenden Vorrath von thierischem Dünger, so wird es gewiß rathsam sein, wenn er das betreffende Stück Land düngt und im Frühjahr für das

IV. Jahr wieder Mais pflanzt, vielleicht einen Theil des Landes mit Kartoffeln oder Kürbissen ꝛc. bestellend. Auf diese Kulturen würden folgen im

V. Jahre Weizen, Roggen, Gerste ꝛc. entweder zu gleichen Theilen oder vorwiegend eine derselben, je nach dem Ermessen des Bauers.

Darauf würde der Bauer den Schlag theilweise oder auch ganz mit Luzerne oder anderen Futter- und Weidepflanzen besäen, oder er wird wieder düngen und den Turnus von Neuem beginnen. Möglicherweise könnte auch eine Gründüngung mit Gerste, Roggen ꝛc. sich als anwendbar herausstellen, ebenso könnten ja im Laufe der Zeit die Kulturen anderer Pflanzen sich als nutzbringend und empfehlenswerth erweisen.

Bei Einhaltung der von mir angegebenen Fruchtfolge würde der Bauer sein Ackerland also in etwa 5 bis 6 Schläge eintheilen, jedoch dürften Dürren, Fröste, Heuschrecken ꝛc. hin und wieder eine Aenderung bedingen. Von einer wirklich geregelten Ackerwirthschaft in deutschem Sinne kann in jenen Ländern nicht die Rede sein.

Für den direkten Verkauf könnten von den von mir genannten Producten nur Weizen und Leinsaat in Betracht kommen, alle anderen würden mehr oder weniger in der Wirthschaft des Bauern verbraucht werden. Die Fälle, daß Kolonisten mehrere Hunderte von Pesos aus ihrem Maiz gelöst haben, sind ja nicht vereinzelte gewesen, doch wird man wohlthun, nicht darauf zu rechnen. Wahrscheinlich wird der Bauer sich stets am besten stehen, wenn er den Mais verfüttert und ihn dann als thierisches Product, Milch, Fleisch, Fett ꝛc. verwerthet. Der geerntete Mais hat noch den großen Nachtheil, sehr leicht durch Insekten zerstört zu werden. Entkörnt man ihn früh z. B. im Monat Juni, so erhitzt er sich, und es bildet sich im Maiskorn selbst ein kleiner schwarzer Käfer, gorgojo genannt, welcher das Korn förmlich zu Mehl verwandelt. Die geeignetste Zeit zum Entkörnen sind die Monate August und September, wenn es sich um den Export handelt. Beim Eintritt der wärmeren Jahreszeit, also gegen Ende October und Anfang November, bildet sich dann im Maiskorn ein kleiner Schmetterling, palomita genannt, welcher das Korn aushöhlt und dessen Werth natürlich sehr beeinträchtigt. Die Bauern bewahren den Mais daher am besten in Kolben und noch mit den diesen Kolben umhüllenden Blättern auf. Auf hohe Weizenpreise wie in früheren Jahren, in denen die Production beschränkt war und dortige Konsumpreise bezahlt wurden, wird der Bauer in Zukunft wohl selten rechnen können, er wird, wie bei der Leinsaat, sich mit den Exportpreisen begnügen müssen. Dieselben sind augenblicklich allerdings sehr niedrige und zu einer umfangreichen Weizenkultur nicht ermuthigend. Aber auch selbst zu diesen niedrigen Preisen kann ein Ackerbauer auf ertragfähigem Boden und in günstigen Lagen, in welchen eine Verschiffung der Producte billig zu beschaffen ist, noch Weizen mit einem, wenn auch freilich sehr bescheidenen, Nutzen bauen.

Um dem Leser hinsichtlich der Verwerthung der Ackerbauproducte und Rentabilität des Ackerbaues in dortigen Ländern einige genauere und etwas zuverlässigere Anhaltspunkte zu geben, als die sattsam bekannten Anpreisungen des „üppigen“ Bodens, welcher in den „blühenden“ Kolonien „hundertfältige“ Erträge liefert, und ähnliche allgemeine schöne Redensarten bieten, habe ich zwei fingirte Verkaufrechnungen für Weizen und für Leinsaat aufgemacht. Für Weizen habe ich einen Verkaufspreis von 20 Franken und für Leinsaat von 26 Franken per 100 kg angenommen. Derartige Preise dürften, wenn in letzter Zeit auch viele Ladungen von La Plataweizen in den hauptsächlichsten Importplätzen dieses Artikels, in Antwerpen, Havre, Dünkirchen ꝛc. für weniger als 20 Franken per 100 kg verkauft worden sind, doch als für einen längeren Zeitabschnitt berechnete Durchschnittspreise wohl niedrig genug gegriffen seien. Die Unkosten sind alle ziemlich voll gerechnet und es könnten stellenweise an denselben wohl noch einige Procente gespart werden, auch der von mir angenommene Gewichtsverlust von 4 % wird nicht immer so hoch ausfallen.

Fingirte Verkaufrechnung

über

5000 Sack Weizen, in Antwerpen ꝛc. per Dampfer (Segler) vom La Plata empfangen und von Bord verkauft wie folgt:

5000 Sack Weizen
lieferten aus **385,920 kg**
à **20 fcs.** per **100 kg Brutto** .... Fcs. 77,184.—

Unkosten.

Fracht von 386,000 kg à 27½ fcs. und 10 % pr. 1000 kg	Fcs.	11,676.50	
Assekuranz 2 % à fcs. 85,000.— ...	„	1700.—	
Polize	„	3.50	
Einfuhrdeklaration	„	50.—	
6 % Zinsen auf Fracht und Assekuranz, 2 Mt.	„	133.80	
Abliefern 25 cts. per 100 kg	„	964,80	
Kleine Spesen	„	30.—	
Courtage 10 cts. per Hektoliter	„	521.50	
Commission und Delcredere 3 % ...	„	2315.50	„ 17,395.60
		Netto=Provenue	Fcs. 59,788.40
Zum Kurse von Fcs. 5.10 für 1 peso nacl.		Pes. nacls.	11,723.22

Nota.

Am La Plata sind verschifft worden ...	35,000 Arrobas
	= 875,000 Pfd. span.
	= 402,000 kg
In Antwerpen sind abgeliefert	385,920 „
Unterschied resp. Gewichtsverlust	16,080 kg = 4 %

Der Werth des Weizens ist demnach am La Plata an Bord geliefert inclusive Sack:

per 100 kg	= pesos nacls.	2,91
per Fanega von 15 Arrobas	„ „	5,02

Fingirte Verkaufrechnung

über

5000 Sack Leinsaat, in Antwerpen 2c. per Dampfer (Segler) vom La Plata empfangen und von Bord verkauft wie folgt:

5000 Sack Leinsaat
lieferten aus **330,770 kg**
à **26 fcs.** per **100 kg** Brutto . . . . Fcs. 86,000.20

Unkosten.

Fracht von 330,770 kg à 27½ fcs. und 10 % per 1000 kg	Fcs.	10,005.80	
Assekuranz 2 % von fcs. 95,000.—	„	1,900.—	
Polize	„	3.50	
Einfuhrdeklaration	„	50.—	
6 % Zinsen auf Fracht und Assekuranz 2 Mt.	„	119.10	
Abliefern 25 cts. per 100 kg	„	827.—	
Kleine Spesen	„	30.—	
Courtage 10 cts. per Hektoliter	„	459.—	
Commission und Delcredere 3 %	„	2580.—	„ 15,974.40
Netto-Provenue			Fcs. 70,025.80
Zum Kurse von Fcs. 5,10 für 1 peso nacl.			Pes. nacls. 13,730.55

Nota.

Am La Plata sind verschifft worden	30,000 Arrobas
	= 750,000 Pfd. span.
	= 344,550 kg
In Antwerpen sind abgeliefert	330,770 „
Unterschied resp. Gewichtsverlust	13,780 kg = 4 %

Der Werth der Leinsaat ist demnach am La Plata an Bord geliefert inclusive Sack:

per 100 kg	= pesos nacls.	4,15
per Arroba von 25 Pfd. span.	„ „	0,46

Nach diesen Berechnungen würden also drüben am La Plata an Bord eines Seeschiffes geliefert

die 100 kg **Weizen** etwa		pes. 2.90
und die in der Provinz Santa Fé übliche Fanega von 15 Arrobas etwa	pes. 5.—	
werth sein. Rechnet man nun für Säcke, Leichterfracht, Karrenlohn, Commissionen ꝛc. ꝛc. per 100 kg		„ 0.70
und per Fanega	„ 1.20	
so bleiben	pes. 3.80 u.	pes. 2.20

in deutschem Gelde etwa ℳ. 15,50 für eine Fanega von 172½ kg und ℳ. 9.— per 100 kg als Nettowerth des Weizens für den Produzenten.

Bei Verschiffungen von **Leinsaat** würde dieser Artikel drüben am La Plata an Bord geliefert dann werth sein

die 100 kg		pes. 4.15
und die Arroba von 25 Pfd.	pes. 0.46	
Nach Abzug der Unkosten für Säcke, Leichterfracht, Karrenlohn u. s. w. von	„ 0.08	„ 0.70
bleiben ...	pes. 0.38 u.	pes. 3.45

oder nach deutschem Gelde etwa ℳ. 1,55 per Arroba von 11½ kg und ℳ. 14.— per 100 kg als Verkaufspreis der Leinsaat für den Produzenten.

Diese Preise verstehen sich für Ländereien, welche noch in ziemlicher Nähe eines Verschiffungsplatzes gelegen sind, etwa bis zu 30 km Entfernung, wenn die Producte per Karren, und ungefähr bis zu 80 km Entfernung, wenn die Producte per Eisenbahn nach dem Hafenplatze geschafft werden. Je weiter das Ackerfeld vom Hafenplatze entfernt ist, desto größer werden natürlich die Transportkosten und desto geringer der Werth der Producte für den Bauern sein. In einer gewissen Entfernung wird schließlich eine Production für den Export nicht mehr möglich sein, und man wird dort nur bis zur Deckung des etwaigen Lokalkonsumes produziren können.

Es fehlt nun noch zu ermitteln, welches Quantum dieser genannten Producte, Weizen und Leinsaat, ein Bauer in den ersten Jahren, in welchen er außer in der Saat- und Erntezeit nur auf seine und seiner Familie Arbeitskraft allein angewiesen ist, durchschnittlich ernten kann. Wenn ein solcher Bauer, wie ich es hier angenommen habe, eine hinreichende Anzahl Arbeitsochsen zu seiner Verfügung hat, so daß jedem Ochsen nach einem halben Arbeitstage ein ganzer Ruhetag bleibt, und wenn er mit zweckmäßigen Ackergeräthschaften ausgerüstet ist, so wird es für ihn keine Schwierigkeiten haben, außer einigen Kulturen für den eigenen Gebrauch 20 □Cuadras, ca. 34 Hektare Land zu bestellen, und man könnte dann die Hälfte als mit Weizen und die andere Hälfte als mit Leinsaat bestellt annehmen.

Zur Aussaat braucht man in jenen Ländern erstaunlich wenig, für Weizen durchschnittlich per □Cuadra nur ½ Fanega, also ca. 85 kg, oder per Hektar ca. 55 kg, stellenweise auch noch weniger. Die Ernten dieser Brotfrucht sind, wenn das Feld gut und sorgfältig bearbeitet ist, und wenn nicht Dürren, Hagel, Frost, Heuschrecken 2c. den Saaten zu sehr zusetzen, im ersten und zweiten Jahre gewöhnlich noch ganz erträglich und lohnend, etwa 7 bis 9 Fanegas per □Cuadra. Das wäre der Aussaat nach gerechnet das 14. bis 18. Korn, der Fläche nach gerechnet freilich nur etwa 700 bis 900 kg per Hektar. Es sind auch in besonders günstigen Fällen schon Ernten von 15 bis 20 Fanegas und darüber per □Cuadra vorgekommen. Wird das Land dann noch öfter ununterbrochen mit derselben Frucht bebaut, so nimmt der Ertrag gewöhnlich sehr merklich ab und würde bei den jetzigen niedrigen Kornpreisen nicht mehr die Unkosten decken. Bei einem Ertrage von nur 5 Fanegas würde das Dreschlohn wohl nicht mehr gedeckt werden, und der Bauer müßte dann nur den Weizen mähen und in kleine Miethen setzen, um ihn im Winter mit dem Stroh an das Vieh zu verfüttern, und bei einem Ertrage von nur 3 Fanegas würde es das Richtigste sein, ihn durch das Vieh abfressen zu lassen. Der Bauer, welcher jedoch zum Mindesten 100 Hectare Land hat, also nicht genöthigt ist, fortwährend dasselbe Land mit derselben Frucht zu bestellen, und der in der Lage ist, dem Lande regelmäßig thierischen Dünger zuzuführen, wird auf einen durchschnittlichen Ertrag von 7 Fanegas per □Cuadra wohl rechnen können. Das Düngen des Ackers würde immerhin eine bedeutende Zeit in Anspruch nehmen, dafür würde aber auch die Gewinnung eines bestimmten Quantums Getreide sich auf viel kleineres Areal concentriren, und an Zeit und Unkosten für Pflügen, Eggen, Aussaat und Mählohn könnte nicht unwesentlich gespart werden. Auf gedüngtem Acker würde man von 5 □Cuadras wohl dasselbe Quantum ernten wie von 10 □Cuadras ungedüngten Landes; die Wirkung des Düngers würde ja auch gewiß zwei bis drei Jahre anhalten, mithin mehreren Saaten zu Gute kommen.

Bei dem von mir vorhin angenommenen Ertrage von 7 Fanegas à 15 Arrobas per □Cuadra könnte der Bauer per Jahr dann 70 Fanegas ernten, welche zum weiter oben ermittelten Preise von pes. 3.80 verkauft, ihm eine Einnahme von .... pes. 266.— geben würden.

Hiervon gehen ab für Unkosten:

5 Fanegas Saatkorn á pes. 4.50 ..	pes. 22.50	
Arbeitslohn während der Saatzeit ..	„ 10.—	
Mählohn für 10 □Cuadras à pes. 3.50	„ 35.—	
Dreschlohn für 70 Fanegas à 80 cents	„ 56.—	
Sonstige Arbeitslöhne	„ 52.50	pes. 176.—
Bleiben für die persönliche Arbeit des Bauern und für Bodenrente		pes. 90.—

Solches würde ergeben:

per □Cuadra .... 9 pesos
und per Hectar ca. .... $5\frac{1}{2}$ „ ,
allerdings nur bescheidene Erträge.

Die Angaben hinsichtlich Leinsaat lassen sich weniger genau machen, da die Kultur dieser Pflanze, wie auf Seite 36 ersichtlich, erst seit einigen wenigen Jahren betrieben wird, und die Erfahrungen also zu geringe sind, um mit einiger Sicherheit einen Durchschnittsertrag bezeichnen zu können. Soviel ich weiß, kann man auf einer □Cuadra etwa 6 Fanegas zu 12 Arrobas, also im Ganzen 72 Arrobas als Durchschnittsertrag rechnen, welcher Ertrag für 10 □Cuadras ein Quantum von 720 Arrobas, und die Arroba zu 38 cents gerechnet, eine Verkaufssumme für den Bauern von ...... pes. 273.60 ergeben würde.

Hiervon gehen ab für Unkosten:

Saatkorn 80 Arrobas à 45 cts. ...	pes. 36.—	
Arbeitslohn während der Saatzeit ..	„ 10.—	
Mählohn für 10 □Cuadras à pes. 3.50	„ 35.—	
Dreschlohn à 6 cents per Arroba ..	„ 43.20	
Transport	pes. 124.20	pes. 273.60

Transport	pes. 124.20	pes. 273.60
Sonstige Arbeitslöhne	„ 39.40	„ 163.60
Bleiben für die persönliche Arbeit des Bauern und für Bodenrente		pes. 110.—

Solches ergiebt
per □Cuadra .... 11 pes.
und per Hectar ca. .... $6^1/_2$ „

Der Gesammtnettoertrag des Ackerbaues eines jährlich 20 □Cuadras ohne Düngung mit Weizen und Leinsaat bestellenden Bauern von

90 pesos für 10 □Cuadras Weizen und
110 „ „ 10 □Cuadras Leinsaat,

zusammen 200 pesos würde also bei den von mir zu Grunde gelegten Ernteerträgen und Verkaufspreisen nur ein ziemlich mäßiger sein, und es ist mit diesen detaillirten Berechnungen wohl der genügende Beweis geliefert worden, daß seit dem Zeitabschnitte, in welchem der bäuerliche Ansiedler am La Plata für seine Hauptproducte nur noch auf Exportpreise rechnen kann, ein solcher Ansiedler seine Existenz nicht einzig und allein auf den Ackerbau basiren darf. Diese von mir angeführten Ernteerträge von Weizen und Leinsaat gelten für die Provinzen Santa Fè und Entre Rios; die Ackerbauer in der Provinz Buenos Aires behaupten durchschnittlich höhere Ernteerträge zu erzielen. Die Preise für Getreide und Oelsaaten sind allerdings gegenwärtig auf dem Weltmarkte ganz außerordentlich niedrig und sollten dieselben, was ja keineswegs unmöglich ist, wieder steigen, wenn auch nur 10 bis 15 %, so würde, da die Unkosten außer Assekuranz und Commissionen ja stets nach dem Gewichte berechnet und daher unabhängig vom Werthe der Waaren hauptsächlich nur von dem jeweiligen Frachtsatze beeinflußt werden, ein derartiger Mehrwerth fast ungeschmälert dem Produzenten zu Gute kommen. Jeder Preisunterschied von 1 Franken per 100 kg in Europa bewirkt einen Unterschied von 18 bis 20 cents eines argentinischen peso nacional per 100 kg am La Plata, und jeder Unterschied von 5 Franken per 1000 kg in der Seefracht macht einen Unterschied von $9^1/_2$—10 cents nacls. per 100 kg am La Plata. Als Karrenfrachten am La Plata, um den Weizen, Leinsaat ꝛc. von der Ansiedelung nach dem Hafenplatze zu schaffen, kann man je nach der Jahreszeit, dem Zustande der Wege und der Zugthiere ꝛc. 5 bis 10 cents nacls. per 1000 kg und per km, also im Mittel 7 bis 8 cents, oder etwa $^3/_4$ bis $1^2/_3$ cents per Fanega von 15 Arrobas und per km rechnen. Die dort im Lande gebräuchlichen Ochsenkarren legen je nach den Umständen per Tag 20 bis 30 km zurück. Die Karrenwege am La Plata sind, obgleich von Wegebau in unserm Sinne nicht die Rede ist, den größten Theil des Jahres in ziemlich gutem Zustande, und daher ist fast überall ein leichter und schneller Verkehr möglich. Fängt irgend eine niedrige Stelle aber erst einmal an schlecht zu werden, dann wird sie gewöhnlich auch bald nahezu unpässirbar, besonders wo der Weg auf beiden Seiten durch Drahtzäune eingeschlossen ist. Am schlechtesten sind die Wege im Winter, wenn nach heftigen Regengüssen trübes und nebeliges Wetter eintritt und der durchweichte Lehm nicht trocknen kann. In dem flachen Süden der Provinz Buenos Aires werden die Wege dann stellenweise sehr schlecht und des lebhaften Verkehrs wegen am allerschlechtesten in der Nähe der Stadt Buenos Aires selbst. Bei Verladung von Getreide in Rosario vermittelst der argentinischen Centralbahn bezahlt man von der ca. 80 km von Rosario entfernten Station Canada de Gomez bis an Bord des Schiffes 3 pesos nacls. per 1000 kg, also per Fanega von 15 Arrobas etwa 50 cents.

Haushaltungsunkosten und Löhne eines bäuerlichen Ansiedlers.

In der ersten Zeit wird ein bäuerlicher Ansiedler, welcher nicht über namhafte Mittel verfügt und mit den dortigen Verhältnissen aus mehrjähriger Erfahrung noch nicht vertraut ist, seine Wirthschaft in der Regel und am zweckmäßigsten nur mit Hülfe seiner Familienmitglieder führen. Später, wenn er die Verhältnisse genügend kennen gelernt hat, wenn sich sein Viehstapel vermehrt hat, wenn er anfängt zu düngen 2c., wird er fremder Hülfe nicht entbehren können und er wird zuerst einen und später zwei Knechte sich halten müssen. Derartige Knechte bilden, wenn sie sich im Laufe der Jahre einiges Geld erspart, die dortigen Verhältnisse gründlich kennen gelernt und sich als tüchtige und anständige Menschen erwiesen haben, später ein sehr brauchbares Material zu neuen Ansiedlern.

Die Kosten des Unterhaltes einer Ansiedlerfamilie von ca. 5 bis 7 Köpfen in den ersten Jahren, in welchen dieselbe ihre Ausgaben vernünftigerweise auf das Allernothwendigste beschränken wird, sind per Jahr ungefähr folgende:

80 Arrobas Fleisch à 70 cts.	pes.	56.—
60 „ Mais à 25 cts.	„	15.—
Transport	pes.	71.—

	Transport pes.	71.—
6 Arrobas Reis à 2 pes.	„	12.—
30 „ zweites Mehl à 80 cts.	„	24.—
Salz, Speck, Yerba, Seife, Petroleum 2c. 2c.	„	48.—
Rechnet man nun in der ersten Zeit auch noch Nichts für Kleidung in der Annahme, daß ein nicht gänzlich mittelloser Kolonist doch für eine Zeitlang mit Kleidungsstücken versorgt sein wird, sondern veranschlagt man nur für Abnutzung und Reparaturen an seinem Arbeitsgeschirr	„	25.—
sowie für Schulgeld etwa	„	20.—
so ergiebt sich als Gesammtsumme per Jahr	pes.	200.—

In den späteren Jahren werden die Posten für Fleisch, Mais und Mehl wohl nicht unerheblich geringer werden, da der Bauer selbst Kühe und fette Schweine schlachtet, auch Mais, Roggen 2c. erntet. Beim Heranwachsen seiner Familie werden ihm jedoch durch Kleidung, Schulgeld 2c. sowie durch Löhne an einen und später zwei Knechte 2c., größere Ausgaben erwachsen, und ich veranschlage deshalb für Haushalt und Löhne

im 1. u. 2. Jahre	pes.	200.—	im 7. Jahre	pes.	420.—
„ 3. Jahre	„	250.—	„ 8. „ (2 Knechte)	„	580.—
„ 4. „ (1 Knecht)	„	350.—	„ 9. „	„	600.—
„ 5. „	„	370.—	„ 10. „	„	600.—
„ 6. „	„	400.—	„ 11. „	„	650.—

im 12. Jahre . . . . . . pes. 700.—.

Im siebenten Jahre nehme ich die Erbauung eines steinernen Hauses an, und mit der Anstellung des zweiten Knechtes erhält die Wirthschaft dann den von Anfang an erstrebten großbäuerlichen Character.

Bei Zugrundelegung aller der im Vorstehenden ermittelten Resultate der Viehzucht und des Ackerbaues sowie der jährlich für Haushalt und Löhne erwachsenden Unkosten würde sich das Fortkommen eines Ansiedlers, resp. Abtragung seiner auf Seiten 72 u. 73 specifizirten Schulden ungefähr laut folgender zwei Tabellen gestalten können.

Die erste Tabelle veranschaulicht den Gang einer Wirthschaft, resp. Abtragung der Schulden eines Bauern, welcher ohne all und jegliches Kapital, und die zweite Tabelle die Wirthschaft eines Bauern, welcher mit einem Kapitale von 400 pesos, also etwa 1650 Reichsmark, seine Wirthschaft beginnt.

Tabelle Nr. 1. Wirthschaft eines Bauern ohne eigenes Kapital.

Betriebsjahr	Bruttoeinnahmen eines Bauern abzüglich der Ernteunkosten. Verkauf von Milch	Verkauf von Rindvieh	Verkauf von Pferden	Verkauf von Schweinen, Geflügel, Eiern 2c.	Verkauf von Ackerbauproducten	Totaleinnahme	Haushaltungsunkosten und Löhne	Nettoüberschüsse	Nebenstehende Nettoüberschüsse kann der Bauer verwenden zur Verzinsung und Abtragung seiner Schulden, welche bestehen aus pes. 1200 für lebend. u. todt. Inventar u. pes. 1500 für Land. Betrag der 8 pCtigen Zinsen auf das Kapital	von anfänglich 1200 pesos	Abschlagszahlungen auf das Kapital von 1200 pesos	Betrag der Zinsen auf das Kapital	von anfänglich 1500 pesos	Abschlagszahlungen auf das Kapital von 1500 pesos	Verbleiben dem Bauern zur Erbauung eines steinernen Hauses, Anlage einer Stallung, Erwerbung von Geräthschaften 2c. 2c.
	pes.	pes.	pes.	pes.	pes.	pes.	pes.	pes.	pes. %	pes.	pes.	pes. %	pes.	pes.	pes.
I.	150	—	—	20	200	370	199	171	96 = 8	v. 1200	—	75 = 5	v. 1500	—	—
II.	180	—	—	60	200	440	201	239	96 = 8	„ 1200	—	75 = 5	„ 1500	—	68
III.	240	105	—	80	200	625	250	375	96 = 8	„ 1200	100	75 = 5	„ 1500	—	104
IV.	285	105	—	100	200	690	350	340	88 = 8	„ 1100	100	75 = 5	„ 1500	—	77
V.	330	75	—	100	200	705	370	335	80 = 8	„ 1000	150	75 = 5	„ 1500	—	30
VI.	375	90	100	120	200	885	400	485	68 = 8	„ 850	300	75 = 5	„ 1500	—	42
VII.	470	105	120	120	200	1015	420	595	44 = 8	„ 550	—	90 = 6	„ 1500	—	461
VIII.	545	120	140	120	200	1125	580	545	44 = 8	„ 550	—	90 = 6	„ 1500	—	411
IX.	630	135	160	120	200	1245	600	645	44 = 8	„ 550	400	90 = 6	„ 1500	—	111
X.	650	150	200	120	200	1320	600	720	12 = 8	„ 150	150	105 = 7	„ 1500	300	153
XI.	650	250	250	120	200	1470	650	820	— —	—	—	84 = 7	„ 1200	600	136
XII.	650	300	250	120	200	1520	700	820	— —	—	—	42 = 7	„ 600	600	178
	5155	1435	1220	1200	2400	11410	5320	6090	668		1200	951		1500	1771

Betriebsjahr	Bruttoeinnahmen eines Bauern abzüglich der Ernteunkosten. Verkauf von Milch	Verkauf von Rindvieh	Verkauf von Pferden	Verkauf von Schweinen, Geflügel, Eiern 2c.	Verkauf von Ackerbauproducten	Totaleinnahme	Haushaltungsunkosten und Löhne	Nettoüberschüsse	Nebenstehende Nettoüberschüsse kann der Bauer verwenden zur Verzinsung und Abtragung seiner Schulden, welche bestehen aus pes. 800 für lebend. u. todt. Inventar u. pes. 1500 für Land. Betrag der 8 pCtigen Zinsen auf das Kapital von anfänglich 800 pesos			Abschlagszahlungen auf das Kapital von 800 pesos	Betrag der Zinsen auf das Kapital von anfänglich 1500 pesos			Abschlagszahlungen auf das Kapital von 1500 pesos	Verbleiben dem Bauern zur Erbauung eines steinernen Hauses, Anlage einer Stallung, Erwerbung von Geräthschaften 2c. 2c.
	pes.	pes.	pes.	pes.	pes.	pes.	pes.	pes.	pes.	%	pes.	pes.	pes.	%	pes.	pes.	pes.
I.	150	—	—	20	200	370	200	170	64 =	8	v. 800	—	75 =	5	v. 1500	—	31
II.	180	—	—	60	200	440	200	240	64 =	8	„ 800	—	75 =	5	„ 1500	—	101
III.	240	105	—	80	200	625	250	375	64 =	8	„ 800	150	75 =	5	„ 1500	—	86
IV.	285	105	—	100	200	690	350	340	52 =	8	„ 650	150	75 =	5	„ 1500	—	63
V.	330	75	—	100	200	705	370	335	40 =	8	„ 500	150	75 =	5	„ 1500	—	70
VI.	375	90	100	120	200	885	400	485	28 =	8	„ 350	250	75 =	5	„ 1500	—	132
VII.	470	105	120	120	200	1015	420	595	8 =	8	„ 100	100	90 =	6	„ 1500	—	397
VIII.	545	120	140	120	200	1125	580	545	—	—	—	—	90 =	6	„ 1500	—	455
IX.	630	135	160	120	200	1245	600	645	—	—	—	—	90 =	6	„ 1500	400	155
X.	650	150	200	120	200	1320	600	720	—	—	—	—	77 =	7	„ 1100	500	143
XI.	650	250	250	120	200	1470	650	820	—	—	—	—	42 =	7	„ 600	600	178
	4505	1135	970	1080	2200	9890	4620	5270	320			800	839			1500	1811

Angenommen, der Gang der Wirthschaft eines Bauern gestalte sich so wie in vorstehenden Tabellen veranschaulicht, so würde ein solcher Bauer in dem einen Falle im siebenten, im anderen im zehnten Jahre seine Schulden für lebendes und todtes Inventar, und im elften resp. zwölften Jahre die Schulden für sein Grundstück getilgt haben. Ich bin jedoch fest überzeugt, daß ein Ansiedler von gut gezüchteten und gut gefütterten Milchkühen eine höhere Ausbeute erhält als im günstigsten Falle 1300 Liter Milch per Jahr, wie ich hier angenommen habe. Ich bin ferner überzeugt, daß eine mit Sachkenntniß und Umsicht geleitete Molkerei, welche über zweckmäßige Räumlichkeiten verfügt und daher im Stande ist, Producte von vorzüglicher Beschaffenheit zu liefern, ihren Milchlieferanten einen etwas höheren Preis für die Milch zahlen kann, als etwa 5 Pfennige nach unserem Gelde per Liter, wenigstens noch für die Zeit, in welcher von Ueberproduction an Molkereiartikeln und dadurch bedingtem Export im La Plategebiete noch nicht die Rede sein kann. Der Erlös für verkaufte Milch würde also dann ein wesentlich höherer sein können als 12½ bis 16 pes. (ca. 50 bis 65 Mark) per Kuh und per Jahr. Sobald ein Bauer über einen Viehstapel von 20 bis 25 Kühen, 12—15 Pferden und dem entsprechenden Jungvieh verfügt und in Folge dessen im Stande ist, bedeutende Quantitäten Dung zu gewinnen und seinen Acker zu düngen, wird er auf reichlichere Ernten rechnen können als 7 Fanegas Weizen und 6 Fanegas Leinsaat per □Cuadra. Seine Einnahmen aus dem Verkauf von Ackerbauproducten werden sich also auch etwas höher gestalten können als 200 pesos per Jahr.

Sind die zuerst angesiedelten Familien über die schwierigste Periode des Anfanges hinweg, und sind die etwaigen schlechten und unbrauchbaren Elemente, von denen mit Sicherheit angenommen werden konnte, daß sie trotz aller ihnen gewährten Hülfen und Vergünstigungen doch nie vorwärts kommen würden, wieder entfernt, so kann ja mit einer allmähligen Besiedelung des übrigen Landes fortgefahren werden. Man müßte dann natürlich in dem Verhältniß, in welchem man das Land parcellirt und mit Bauern besiedelt, die Kühe der Estanzia verkaufen oder sie nach anderen für Estanziazwecke neu zu erwerbenden Ländereien hintreiben. Ist in die ganze Wirthschaft erst einmal System und Zug hineingekommen und verfügt man über ein tüchtiges, zuverlässiges und eingeschultes Beamtenpersonal, so wird es nicht unmöglich sein, jährlich eine größere Anzahl Familien, vielleicht 40 bis 50 anzusiedeln. Kommen ungünstige Jahre, so wird man allerdings wohlthun, die Zahl der neuen Ansiedler einzuschränken oder auch in der Besiedelung eine Pause eintreten zu lassen, anstatt ins Blaue hinein anzusiedeln, bis einem die Schwierigkeiten von allen Seiten über den Kopf wachsen.

Die Mäh- und Dreschmaschinen der unternehmenden Gesellschaft würden, wenn dieselben auch wirklich etwas billiger arbeiten als die Maschinen anderer Eigenthümer, sich voraussichtlich nach der dritten oder vierten Ernte schon total freigearbeitet haben. In dem Maaße wie die Ansiedler sich vermehren und größere Flächen in Kultur genommen werden, muß natürlich auch die Zahl der Maschinen, Karren 2c. 2c. vermehrt werden, auch würde später wahrscheinlich die Anlage einer Korn- oder Oelmühle u. s. w. sich als vortheilhaft herausstellen.

Verwerthung der Milch in der Molkerei.

Die zweckmäßigste Verwerthung der Milch in der geplanten Molkerei wird die Herstellung von harten Fettkäsen sein. In den Wintermonaten könnte man vielleicht, weil dann die Butter einen hohen Preis hat und sich auch leichter transportiren läßt, mit Vortheil Butter und Magerkäse machen, im Falle man für die Butter eine passende Verpackung ausfindig machen könnte.

Es werden am La Plata, wo auf jeden Einwohner 6 bis 7 Stück Rindvieh und ca. 25 Schafe kommen, (siehe Seite 11) jährlich für etwa 2 Millionen Mark Käse aus Europa eingeführt, hauptsächlich aus der Schweiz, Italien, Holland und England. Diese importirten Käse sind in Argentinien einem Einfuhrzolle von gegenwärtig 25 % ihres Werthes unterworfen, und es stellt sich der Werth dieser Käse verzollt im Großhandel auf etwa 22 bis 35 cents — nach deutschem Gelde ca. 90 bis 145 Pfennige — per Pfund. Die dort im Lande gemachten Käse sind mit Ausnahme einiger weniger sehr gut gemachter Weichkäse, Nachahmungen von Brie- und Camembertkäsen, von sehr mäßiger Qualität und werden ziemlich billig verkauft. So verkauft man eine im Kamp ohne alle und jegliche Sorgfalt hergestellte Sorte weicher Hartkäse zu etwa 9 bis 12 cents, andere mit etwas mehr Sorgfalt und hauptsächlich in der Provinz Corrientes gemachte Hartkäse mit 14 bis 20 cents per Pfund spanisch. Diese letzteren Käse haben in der Regel die Fehler, etwas hart, trocken und sauer zu sein; es wird also offenbar bei deren Bereitung eine übermäßige Sachkenntniß nicht entwickelt, auch fehlt es den Käsern an geeigneten Räumlichkeiten.

Die chemische Zusammensetzung der Milch wird am La Plata von derjenigen in anderen Ländern gemolkenen wohl wenig verschieden sein, und so wird es für einen geschickten Käser, dem die nöthigen den Reifungsproceß des Käses begünstigenden Räumlichkeiten zur Verfügung stehen, wahrscheinlich nicht schwierig sein, ebenso gute und haltbare Käse herzustellen wie in Deutschland, der Schweiz, Holland, Italien, Nordamerika 2c. Für gute, mit Sachkenntniß und Sorgfalt gemachte Käse könnte man demnach wohl mit Sicherheit auf einen Verkaufspreis von 20 cents per Pfund rechnen.

Den Preis, welchen die Molkerei den Bauern zahlt, habe ich früher auf Seite 75 zu 1¼ cents per Liter angenommen. Mit Zuschlag der Transportkosten bis zur Molkerei würde die Milch dann etwa 1½ cents oder 6 Pfennige per Liter in die Molkerei geliefert kosten. Die Verarbeitungskosten der Milch in der Molkerei selbst werden, da man einem geschickten Meiereipersonal erheblich höhere Löhne zahlen muß als hier in Europa, allerdings keine billigen sein, den Satz von 1 cent oder 4 Pfennigen per Liter werden dieselben aber wohl nicht übersteigen.

In der auf Seite 43 gemachten Berechnung hinsichtlich des Anlagekapitals habe ich die für die Molkerei im Anfang benöthigten Räumlichkeiten als im Hauptgebäude selbst untergebracht veranschlagt. Bei einer Verarbeitung von mehreren Tausend Liter Milch per Tag würde jedoch die Errichtung eines eigenen zweckmäßigen Molkereigebäudes dringend geboten sein.

Es ist bekannt, daß Kühe, welche verhältnißmäßig wenig Milch geben, dafür eine an Käsestoff und Fett reiche Milch liefern; die weiter unten verzeichnete Ausbeute der Milch an Käse und Butter wird daher wohl nicht zu hoch veranschlagt sein. Bei Zugrundelegung eines Verkaufspreises von nur 16 cents für das Pfund von ausgereiftem harten Fettkäse würde die Molkerei die eingelieferte Milch folgendermaaßen verwerthen:

1000 Liter ganze Milch ergeben	
ca. 160 Pfd. ausgereiften Käse à 16 cts..	pes. 25.60
850 bis 900 Liter Molken (als Schweinefutter)	„ 1.—
	pes. 26.60
Davon sind abzuziehen	
Verarbeitungskosten in der Molkerei	
1 cent per Liter	„ 10.—
Bleiben Netto . .	pes. 16.60

Bei Zugrundelegung der denkbar niedrigsten Verkaufspreise für Butter und Magerkäse würde eine derartig beabsichtigte Verwerthung der Milch etwa folgende sein:

1000 Liter ganze Milch ergeben
ca. 65 Pfd. Butter à 30 cts. .... pes. 19.50
105 Pfd. Magerkäse à 6 cts. .... „ 6.30
für Molken und Buttermilch .... „ 1.—
pes. 26.80

Davon sind abzuziehen
Verarbeitungskosten wie umstehend .... „ 10.—
Bleiben Netto .... pes. 16.80

Der Einstandspreis der 1000 Liter Milch
à 1½ cts. in die Molkerei geliefert war pes. 15.—
mithin ist ein Ueberschuß von .... pes. 1.50, also 10 %
resp. .... „ 1.80, „ 12 %

erzielt worden. Kann man die ausgereiften Fettkäse zu 18 cents das Pfund verkaufen, so beträgt der Verdienst der Molkerei schon ..... pes. 4.80 also 32 % und man wäre schon im Stande, den Bauern eine Kleinigkeit mehr, etwa 1⅜ cents für den Liter Milch zu bezahlen. Bei einem Verkaufspreise des Käses zu 20 cents würde man den Bauern schon 1½ cents per Liter Milch bezahlen können. Diese Kalkulationen sind natürlich nur richtig, im Falle keine Käse mißrathen; ich will hiemit nur andeuten, daß bei Herstellung eines guten und mit europäischen Käsen concurrenzfähigen Productes auch bessere Preise als die ursprünglich veranschlagten 1¼ cents per Liter Milch von der Molkerei gezahlt werden können. Tritt nach einer Reihe von Jahren der Zeitpunkt ein, daß das Land Ueberproduction an Käse haben und gezwungen sein wird, diesen Ueberschuß zu exportiren, so werden die Preise allerdings eine wesentliche Aenderung erfahren. Man wird für Käse dann nur soviel erhalten, als derselbe nach Abzug der Verschiffungsunkosten, Fracht, Versicherung, Commissionen 2c. auf dem Weltmarkte werth ist. Wahrscheinlich stellen sich dann die Verarbeitungskosten für den Liter Milch auch billiger als 1 cent, so daß eine Molkerei im Stande sein wird, ihren Lieferanten fast denselben Preis für Milch zu bezahlen, wie er in anderen Käse exportirenden Ländern gezahlt wird, welche Länder aber, was Billigkeit des Landes und des Viehes und die Leichtigkeit, dieses Vieh gut und ausreichend zu ernähren, anbetrifft, wohl in den wenigsten Fällen mit dem La Plata concurriren können. Ich wage die Behauptung auszusprechen, daß der La Plata einstens ein ganz bedeutendes Exportland für Molkerei producte sein wird.

Die Ländereien
mit pasto tierno, Schafzucht, Wollproduction und Wollpreise.

Die Ländereien mit pasto tierno haben, wie auf Seiten 5 bis 7 erwähnt, einen ganz bedeutend höheren Werth als die Ländereien mit pasto fuerte, weil man auf ersteren Merino- und Mestizoschafe halten kann, welche bei extensiver Zucht einen ganz erheblich höheren Ertrag geben als Rindvieh. Auch das Rindvieh liefert im pasto tierno durchweg ein besseres Resultat als in den Kampen mit harten Gräsern, weil es in ersterem, wenn es daselbst in den Perioden der Dürren auch eher in Folge von Futtermangel leidet, doch sich leichter mästet und schwerer von Gewicht wird. Die Grenze zwischen Ländereien mit pasto fuerte und pasto tierno ist natürlich keine scharfe, der Uebergang ist ein allmähliger, auch findet in einigen Gegenden, z. B. im Westen der Provinz Buenos Aires, die Umwandlung der harten Gräser in Süßgräser viel rascher statt als in anderen Landstrichen, z. B. in der Provinz Santa Fé. Feuchtigkeit, sowohl des Bodens als auch der Atmosphäre begünstigen unzweifelhaft den Umbildungsprozeß, wenn auch die Beschaffenheit des Bodens und andere Factoren von erheblichem Einflusse sein mögen. So hat gewiß der relativ größere Feuchtigkeitsgehalt der Luft in der Nähe des La Platabeckens und der großen Ströme Paraná und Uruguay eine schnellere und umfangreichere Bildung von Süßgräsern im Verhältniß zu den ein mehr trockenes Continentalklima aufweisenden inneren und von der Küste entfernten Provinzen begünstigt, und überall, wo der pasto tierno sich einstellt und den pasto fuerte verdrängt, findet diese Umwandlung zuerst in den Niederungen statt, wo der Boden und die Luft am feuchtesten sind. Auf den zwischen den Niederungen liegenden Erhöhungen und Hügelrücken hält sich der pasto fuerte am längsten. Die Estanzieros begehen in der Absicht, ihren theuren Kamp mit pasto tierno gebührend auszunutzen, leider sehr häufig den Fehler, denselben mit Vieh zu überladen, und dadurch wird die Gefahr, bei schlechtem Stande der Weide mehr oder weniger empfindliche Einbußen zu erleiden, selbstverständlich noch bedeutend größer.

Die Pflanzen, welche man mit dem Ausdrucke „pasto tierno" bezeichnet, sind ziemlich mannigfaltige. In erster Linie sind es die verschiedensten mit Halmknoten versehenen Süßgräser, speciell gramilla genannt, sowie Kleearten. Unter diesen gramillas unterscheidet man hauptsächlich zwei Arten, gramilla de verano nnd gramilla de invierno, d. h. Sommergräser und Wintergräser. Bei der ersteren kann das zu üppige Wachsthum in regenreichen Sommern von erheblichem Nachtheil sein. Die auf dem betreffenden Kampe weidenden Thiere sind nicht im Stande, das hohe Aufschießen des Grases zu verhindern, die langen Grashalme sterben ab, neigen sich seitwärts und verdichten sich zu einer förmlichen Decke, welche sich auf dem Erdboden lagert und für den nächstfolgenden Winter das Aufschießen neuer Pflanzen verhindert. Um diesem Uebelstande vorzubeugen, muß man entweder das Gras vor dem Stadium der Reife mähen, oder im trockenen Zustande abbrennen oder auch durch Eggen auszureißen oder wenigstens zu lockern suchen. Unter den Kleearten unterscheidet man ebenfalls hauptsächlich zwei Sorten, eine selten vorkommende der Luzerne ähnliche Pflanze, welche trébol de olor (Geruchsklee) genannt und die zweite weit und breit verbreitete, welche einfach trébol (trifolium) genannt wird. Diese letztere ist speciell für den Schafzüchter eine der geschätztesten Futterpflanzen, weil auf den mit ihr bewachsenen Kampen die Schafe auch im Winter meistens genügende Weide haben, die Thiere auch mehr Fett und schwerere Wolle liefern als auf reiner Grasweide. Dem Rindvieh und den Pferden sagt diese Pflanze jedoch im grünen Zustande nicht sonderlich zu, dagegen fressen sie im Hochsommer die trockenen Stengel und Samen sehr gerne, und sind dann ebenso wie die Schafe, obgleich zu dieser Zeit auf dem ganzen Kamp weit und breit kein grüner Halm zu sehen ist, derselbe vielmehr einer braun aussehenden Wüste gleicht, am fettesten. Der Schafzüchter pflegt um diese Zeit die Thiere möglichst früh des Morgens auszutreiben, damit sie die mit Thau befeuchteten Samen und Stengeln fressen. Im Frühjahre muß man diese Kleefelder jedoch mit großer Vorsicht behüten, da dann das Beweiden des Morgens früh oder des Abends spät, sowie Thau auf den Blättern liegt, für die Thiere gefährlich ist, weil der mit Thau befallene grüne und üppig aufgeschossene Klee in den Mägen der Thiere zu starken Gasbildungen Veranlassung giebt und den Tod des betreffenden Thieres verursachen kann. Der Schafzüchter muß ferner, ehe dieser Klee reift und der reife Same desselben, welcher eine kleine schneckenförmige Klette, carretilla genannt, bildet, sich der Wolle der Schafe anheftet, sich beeilen dieselben vorher zu scheeren, weil die mit Kletten behaftete Wolle einen geringeren Werth hat als die klettenfreie. Bei derjenigen Lammwolle, welche im Februar, also am Ende des dortigen Sommers, geschoren wird, findet man den Defect dieser Kletten fast durchweg; ganz klettenfreie Lammwollen holen auch bedeutend höhere Preise als die mit Kletten behafteten.

Eine ebenfalls gerne gesehene und sehr verbreitete Pflanze ist eine buntblätterige Distelart, cardo asnal genannt, welche im Spätherbste, Winter und Frühjahr, je nach dem vom Regen begünstigten früheren oder späteren Gedeihen dieser Pflanze, solange dieselbe jung ist und noch weiche Stacheln hat, den Thieren ein gerne gefressenes Futter liefert. Die reifen Samen dieser Disteln machen die Thiere ebenfalls sehr fett, auch dienen letzteren im Nothfalle die trockenen dicken Stengel, welche auch den Kampbewohnern ein gutes Brennmaterial liefern, zur Nahrung. Diese Disteln erreichen oft eine Höhe von 2 bis 2½ Meter und stehen gewöhnlich so dicht, daß sie sowohl jede andere Vegetation ersticken als auch eine Kommunikation sehr erschweren. Noch zwei andere Distelarten kommen vor, cardo de castilla und cardo negro, welche jedoch sehr scharfe Stacheln haben und von den meisten Estanzieros als eine Plage bezeichnet werden. Man behauptet vielfach, daß der cardo negro giftig sei, welche Behauptung von anderer Seite wiederum bestritten wird. Es kommen noch eine große Anzahl von Pflanzen vor, welche der Kampbewohner gewöhnlich sämmtlich mit dem Ausdrucke „yuyo“ bezeichnet. Von diesen werden viele von den Thieren nur im Nothfalle und im trockenen Zustande gefressen, wenn anderes Futter fehlt, und solche nennt der Kampbewohner „yuyos amargos“, bittere Unkräuter. Zu diesen gehören eine Art Fenchel, bisnaga, welche im trockenen Zustande ein für dortige Verhältnisse gutes Brennmaterial liefert, ferner quinoa, rama negra, yuyo colorado, lengua de vaca, manzanilla u. a. An giftigen den Thieren nachtheiligen Pflanzen fehlt es auch nicht. Die gefährlichste und gefürchtetste unter diesen Pflanzen ist der feinblätterige romerillo auch mio-mio genannt, welche sich aber gewöhnlich nur auf den Kampen einstellt, auf welchen der pasto fuerte im Verschwinden begriffen ist, um dem pasto tierno Platz zu machen. Das auf solchen Kampen geborene oder an diese Pflanze gewöhnte Vieh rührt dieselbe nicht an. Treibt man aber Vieh, welches diese Pflanze noch nicht kennt, im hungrigen Zustande auf solchen mit romerillo bestandenen Kamp, so werden die Thiere von dieser Pflanze gierig fressen, sehr durstig werden und nach dem Genuß von Wasser sterben. Man hat jedoch ein einfaches Mittel, um die Thiere von dem Genusse dieser Pflanze zurückzuhalten. Zu diesem Zwecke schneidet man mit der Sichel oder Sense ein Quantum dieser Pflanzen ab, läßt dieselben etwas antrocknen und häuft sie des Abends auf die Windseite des Corrals, in welchem man die neu angekommenen Thiere eingeschlossen hat. Man zündet dann die halbtrockenen Pflanzen an, und läßt den Rauch vom Winde getrieben über den Corral hinstreichen. Die Thiere, welche auf diese Weise gezwungen werden den Rauch einzuathmen, rühren später beim Weidegange die Pflanze nicht mehr an. Viehhändler oder Schlächter, welche mit ihrem Vieh einen derartigen mit romerillo bestandenen Kamp passiren, pflegen die Thiere in dichten Haufen und in beschleunigtem Tempo zu treiben, um ihnen ja keine Zeit zum Fressen zu lassen. Giftige Pflanzen sind ferner ein mitunter bis über drei Meter hoch werdender Schierling, cicuta, ferner eine kleine Pflanze mit blaugrünen Blättern und gelben Blumen, manzanilla, (es giebt noch eine andere Pflanze mit dem Namen manzanilla, s. oben, welche unserer wilden Kamille gleicht) und duraznillo negro. Die ersten beiden sind nicht sehr gefährlich, die cicuta ist verhaßt als ein schwer zu vertilgendes Unkraut, sie wird von Ziegen anscheinend ohne Nachtheil gefressen. Den duraznillo negro habe ich persönlich nicht kennen gelernt, derselbe ist nicht häufig, er soll im fernen Süden der Provinz Buenos Aires vorkommen und ebenso giftig wie romerillo sein.

Häßliche im pasto tierno vorkommende und besonders dem Schafzüchter lästige Pflanzen sind ferner der vorwiegend in Niederungen anzutreffende abrojo grande, dessen Samenkapsel eine große Klette bildet, und eine kleinere sehr verästelte und mit zahlreichen feinen Stacheln versehene, cepa de caballo genannt, deren Frucht aus einer kleinen aber sehr harten Klette besteht. Das Behaftetsein der Wolle mit diesen Kletten und anderen Pflanzentheilen z. B. der flechilla, eines spiralförmigen Stengels mit harter Spitze, entwerthet die Wolle natürlich und zwar umsomehr, je mehr sie mit derartigen Kletten rc. beladen ist. Dann giebt es, wenn auch nicht häufig, zwei Sorten Brennnesseln, ortiga, welche besonders den Pferden gefährlich werden können. Ein Pferd, welches sich auf einem derartigen Kampe wälzt, wird von diesen Brennnesseln gestochen seine Schmerzen durch wiederholtes Wälzen zu lindern suchen, und solches Wälzen so lange fortsetzen, bis es vor Schmerzen rasend geworden auf dem Erdboden so lange um sich schlägt, bis es verendet. Füllen, in derartigen Kampen geboren, gehen meistens in den ersten Tagen zu Grunde. Schon das bloße Durchreiten durch ein solches Brennnesselnfeld auf einem Pferde, welches eine dünne und empfindliche Haut hat, kann den Verlust des Pferdes zur Folge haben. Wenn eine Pflanzengattung während einer Reihe von Jahren auf einem Kampe erschienen ist, verschwindet sie mitunter plötzlich, macht einer anderen Platz und kehrt erst nach Verlauf von vielen Jahren wieder.

In sämmtlichen Kampen mit pasto tierno, soweit solche nicht wegen der Nähe eines Konsumplatzes, eines schiffbaren Flusses oder einer Eisenbahn für eine intensivere Wirthschaftsweise, sei es Gemüse-, Futter- oder Körnerbau, geeignet sind, bildet die Zucht und die Haltung von Merino- und Mestizoschafen den Hauptbetrieb. Rindviehzucht läßt im pasto tierno an und für sich wenig Rechnung, man hält jedoch stets außer den Schafen eine gewisse Anzahl Rindvieh, weil erstens, wie schon auf Seite 31 erwähnt, die ausschließliche Haltung von Schafen der Erhaltung der Grasnarbe nicht förderlich ist, und zweitens, weil auf fast sämmtlichen Kampen ein Quantum Pflanzen wächst, welche von den Schafen verschmäht werden, denselben auch nicht zuträglich sind, dagegen vom Rindvieh mit Begierde und Vortheil verzehrt werden. Auf niedrig gelegenen und deshalb feuchten oder häufig mit Wasser bedeckten Kampen wird das Verhältniß zwischen Schafen und Rindvieh selbstverständlich sich ganz erheblich verändern, und man wird auf solchen Kampen gezwungen sein, die Zahl der

Schafe zu Gunsten des Rindviehes bedeutend einzuschränken. Der Werth des Kampes wird durch diesen Umstand allerdings sehr beeinflußt, denn je mehr und je feinere und wollreichere Schafe ein Kamp ernähren kann, desto werthvoller ist derselbe.

Der Wollertrag der am La Plata gehaltenen Schafe steht, wenn auch sowohl hinsichtlich des Importes von europäischen als auch der Zucht von einheimischen Böcken zum Zwecke der Veredelung große und anerkennenswerthe Anstrengungen gemacht werden, doch hinter dem der Schäfereien in Deutschland sehr zurück und es liegt dieses in erster Linie in dem Mangel an Pflege. Die Schafe, mit Ausnahme der Stammheerden in den größeren Estanzias, gehen Jahr ein Jahr aus im freien offenen Kamp auf der Weide und sind des Nachts nur in einer Hürde, dem corral, eingeschlossen. Da die natürlichen Weiden leider häufig genug den Schafen nur ungenügende Nahrung bieten, sei es wegen Regenmangels, sei es wegen allzu wässerigen und deßhalb Durchfall verursachenden Futters, so sind die Thiere wegen Mangels einer gleichmäßigen Fütterung in solchen Perioden selbstverständlich abwechselnd fett und dann wieder mager, und können dann begreiflicherweise weder viele noch eine gleichmäßig gewachsene Wolle liefern. Ist der Körper des Schafes ungenügend ernährt, so wird weder reichliche noch kräftige Wolle auf ihm wachsen, und leiden die Schafe, wie es auf einigen über und über mit biscacheras, den Höhlen der Pampaskaninchen, behafteten Kampen der Fall ist, permanent Hunger, so wird die von ihnen geschorene Wolle sehr schwache, sogenannte hungerfeine Wolle sein. Nur die Stammheerden der größeren Etablissements, in welchen die Böcke für die übrigen Heerden oder zum Verkauf gezüchtet werden, erhalten bis jetzt außer der Weide und namentlich bei ungenügender Weide trockenes Luzernenheu und Mais, und haben zum Schutze gegen schlechte Witterung einen Schuppen. In der Provinz Buenos Aires, wo sowohl Vegetation und Klima sich am besten für Schafzucht eignen, als auch die Veredelung der Thiere am weitesten vorgeschritten ist, und wo in Folge dessen der Wollertrag sowohl der Qualität als auch der Quantität nach der beste ist, sind die auf Kampweide angewiesenen Heerden, welche im Durchschnitt per Kopf, d. h. mit Einschuß der Jährlinge und der im dortigen Herbst geborenen und zur Zeit der großen Schur zum ersten Male geschorenen Lämmer, $4\frac{1}{2}$ bis 5 Pfund ungewaschene Wolle liefern, schon sehr gute und ertragreiche Heerden. im Mittel scheert man in genannter Provinz 4 bis $4\frac{1}{2}$ Pfund per Kopf und in vernachlässigten Heerden sowie in der Provinz Santa Fé nur 3 bis $3\frac{1}{2}$ A, stellenweise noch weniger. In der Provinz Entre Rios sowie in dem Freistaate Uruguay sind die Erträge dem Gewichte nach geringer als in der Provinz Buenos Aires, dafür ist in ersteren das Waschresultat der Wolle jedoch ein durchschnittlich viel günstigeres und der Preis für ungewaschene Wolle in Folge dessen ein bedeutend höherer. Man scheert daselbst zwischen 3 bis $3\frac{3}{4}$ Pfund per Kopf. Die Wollen nachlässig gezüchteter und schlecht gehaltener Schafe aus der Provinz Sante Fé, dem äußersten Süden und Norden der Provinz Buenos Aires geben in der Wäsche 26 bis 28 pCt., Mittelwollen geben etwa 29 bis 32 pCt. und bessere Wollen von 32 bis 37 pCt. reine Wolle. Die Wollen aus Uruguay und Entre Rios geben etwa 34 bis 42 pCt. Die übrigen Gewichtstheile sind Schweiß und Schmutz. Einen großen, wenn nicht den größten Einfluß auf das Waschresultat der Wollen übt die der Schur voraufgehende Witterung aus. Ist die Witterung heiß und trocken, so wird die Wolle mit Schweiß und möglicherweise mit mehr oder weniger Staub beladen sein und ein großes Schurgewicht mit einem geringen Waschresultat geben, ist die Witterung in dieser Periode aber kühl und regnerisch, so wird man ein geringeres Schurgewicht, aber ein höheres Waschresultat erzielen. Wer möglichst staubfreie Wolle erlangen will, muß die Ausrottung der Pampakaninchen, der biscachas, sowie das Umpflügen und Besäen kahler, vegetationsloser Stellen, playas, in seinem Kampe energisch betreiben.

Die besseren feineren und leichteren Wollen von schöner klarer Farbe gehen zum größten Theile nach Nordfrankreich, nach Havre und Dünkirchen, die mittleren und geringeren Sorten gehen nach Antwerpen, Bremen, Hamburg, Genua, Bordeaux und Marseille. Die groben Wollen aus den inneren Provinzen (siehe Seite 6) gehen nach Nordamerika, wo sie zur Teppichfabrikation verwandt werden. Nach englischen Häfen geht wenig Wolle vom La Plata. Von den Schaffellen geht jedoch ein großer Theil nach Liverpool, ein anderer sehr beträchtlicher Theil nach Bordeaux.

Als die günstigste Periode für die Lammzeit erachtet man in Argentinien die Zeit von Mitte März bis zur Mitte der zweiten Hälfte vom April etwa, also den dortigen Herbst. Man pflegt deßhalb am 20. Oktober die Böcke in die Heerden zu setzen. Stellen sich zur Lammzeit kalte Regen ein, so ist die Sterblichkeit unter den neugeborenen Lämmern selbstverständlich eine große. Wo die Böcke während des ganzen Jahres in den Heerden gehen, lammen die Schafe natürlich das ganze Jahr hindurch, wenn auch vorwiegend im Herbste und Frühjahr. Empfehlenswerth ist dieses System nicht, denn im Winter geht ein großer Theil der neugeborenen Lämmer in Folge der Kälte und im Sommer in Folge der Hitze oder auch der Dürren zu Grunde. Das beste System in der argentinischen Republik oder wenigstens in Buenos Aires und Santa Fé dürfte dasjenige mit zwei Lammungen sein, und zwar eine größere Lammung im Herbst und eine kleinere im Frühjahr. In Uruguay hält man eine Hauptlammung im Frühjahr wieder für das vortheilhafteste. Gezeichnet werden die Schafe wie in Europa in den Ohren, auf größeren Estanzias vermittelst einer Zange, in der Regel jedoch nur vermittelst eines Messers. Die am häufigsten unter den Schafen vorkommenden Krankheiten sind Huffäule und Krätze. Beide sind am hartnäckigsten und empfindlichsten im Winter bei anhaltendem nassen Wetter, während dessen die Hufe der Thiere in Folge des unaufhörlichen Stehens und Gehens auf nassem und schlammigem Boden sich zu sehr erweichen und der Ernährungszustand der Thiere ein ungünstiger ist. Man hat gegen beide Uebel eine Anzahl Mittel, hauptsächlich gegen die Krätze. Letztere wird durch Baden und Einreiben der Schafe mit verschiedenen Lösungen, Tabackswasser 2c. bekämpft. Trotzdem läßt es sich nicht vermeiden, daß mitunter große Mengen Wollen in Folge der Krätze verloren gehen. Eine besonders den Lämmern gefährlich werdende Krankheit sind die Pocken, viruela, welche jedoch nur strichweise und in vereinzelten Jahren heftig auftreten. Die Schurzeit fällt in die Monate Oktober bis December und die Wahl einer hierfür günstigen Zeit macht dem Schafzüchter mitunter nicht geringe Sorgen. Scheert er zu früh, so riskirt er durch Spätfröste oder kalte Regen einen Theil der frischgeschorenen Schafe zu verlieren, scheert er zu spät, so beladet sich die Wolle mit der vorhin beschriebenen carretilla und erleidet eine Einbuße an ihrem Werthe.

Das Scheeren geschieht in ziemlich nachlässiger Weise, denn da per Kopf bezahlt wird, so wird mit der Arbeit sehr geeilt. In der Provinz Buenos Aires bezahlt man je nach Angebot von Arbeitskräften 50 bis 100 Papierpesos als Schurlohn für 100 Schafe, in Santa Fé und in Entre Rios weniger. Ein tüchtiger und gewandter Scheerer scheert 50 Schafe per Tag, im Durchschnitt scheert eine Person 40 Schafe. Ein beträchtliches Quantum Wolle bleibt in Folge der großen Eile und sorglosen Scheerens auf den Schafen sitzen, auch werden die Thiere oft auf das Unbarmherzigste mit den Scheeren verletzt. Die so entstandenen Wunden werden mit Theer bestrichen, um zu verhindern, daß Fliegen ihre Eier in diese Wunden legen und somit zu Madenbildungen Veranlassung geben. Die Vließe werden mit Bindfaden gebunden und dann per Karren oder per Eisenbahn nach den Hafenplätzen gesandt, woselbst sie an die Exporteure verkauft und in den dortigen Productengeschäften, den von mir auf Seite 19 erwähnten barracas klassifizirt und emballirt werden. Seit der Einführung des Systems der Einfriedigungen der Estanzias hat man auf den rationell geleiteten Etablissements die Einrichtung getroffen, für die Mutterschafe mit kleinen neugeborenen Lämmern gesonderte Weideplätze, potreros, in unmittelbarer Nähe der Schäferwohnung, des sogenannten puesto, einzufriedigen. Dadurch verhindert man, daß das Mutterschaf mit der oftmals viel und unruhig hin und herlaufenden Heerde geht und sodann sein Lamm vernachlässigt oder verliert, welches Lamm dann wegen Mangels an Milch zu Grunde geht oder den Füchsen und Habichten zur Beute fällt.

Das Hüten der Heerden geschieht ohne Hund, der Schäfer hütet zu Pferde. Die Schäfer, puesteros, werden entweder fest besoldet oder sie sind, nach dem dort zu Lande in allen Wirthschaftszweigen sehr verbreiteten System, am Ertrage der Heerden interessirt. Im ersteren Falle war der Lohn bis jetzt durchschnittlich 300 bis 400 Papierpesos per Monat in der Provinz Buenos Aires, in letzterem Falle erhalten sie gewöhnlich ein Viertel oder ein Drittel des Ertrages sowohl der Wolle als auch der Vermehrung, falls sie nur ihre Arbeit stellen. Stellen die Schäfer selbst einen kleinen Theil der Heerde, etwa ein Viertel oder ein Drittel, so räumt man ihnen den halben Antheil ein. Haben solche Schäfer eine Reihe von Jahren auf einen Antheil gehütet und sich selbst ein kleines Kapital, sei es in Schafen, sei es in baarem Gelde erworben, so miethen sie sich ein Stückchen Kamp und fangen daselbst für eigene Rechnung an. In dem Maaße wie sich ihre Schafe vermehren, miethen sie sich einen größeren Kamp, bis sie schließlich selbst Kamp kaufen nnd Landeigenthümer werden. Auf diese Weise sind die unzähligen, einer den anderen nach sich ziehenden Irländer und Basken zu Wohlhabenheit und Vermögen gelangt, welche erstere einen großen Theil des Nordens, und letztere einen Theil des Südens der Provinz Buenos Aires als Landeigenthümer bewohnen. Auf gleiche Weise werden trotz Fehljahre und Wollkrisen die zahlreichen Italiener zu Wohlhabenheit und Landbesitz gelangen, welche sich in neuester Zeit der Schafzucht widmen.

Dasselbe Resultat könnten Deutsche auch erzielen, wenn dieselben, wenigstens soweit es das östliche Südamerika anbetrifft, nicht den sonderbaren und im Grunde genommen schwer zu erklärenden Hang hätten, sich in den von allem Verkehr und Absatz möglichst abgelegenen Einöden, Wildnissen und Urwäldern als ausschließliche Ackerbauer niederzulassen, unbekümmert darum, ob der fragliche Ackerbau auch wirklich Rechnung läßt oder nicht, dort, wo andere praktische Menschen, welche ihr Kapital, ihre Zeit und Arbeitskraft möglichst gut verwerthen wollen, sich eben **gerade nicht** ansiedeln, und wo in Folge dessen der Grund und Boden allerdings äußerst billig ist, d. h. was die absolute Billigkeit anbetrifft, (siehe Seite 34 und 35.) Der hauptsächlichste Grund zu diesem Hange, zu dieser eigenthümlichen Schwärmerei für Ackerbau ist wohl in dem Umstande zu suchen, daß der Deutsche im Allgemeinen viel zu viel an der grauen Theorie klaubt und sich berufen fühlt, überall in fremden Ländern in erster Linie einen höheren Kulturzustand schaffen zu müssen. Da er nun nach seinen strengen theoretischen Grundsätzen den Ackerbau für eine höhere Kulturstufe hält als Viehzucht, so überläßt er die rentable Viehzucht im Unteren La Platagebiete, wo der Grund und Boden relativ noch billig ist, den Angehörigen anderer europäischer Nationen und vergeudet seine Zeit, seine Arbeitskraft und sein Geld mit dem Ausroden von Urwaldriesen, mit der Urbarmachung von werthlosen Wildnissen, wo der Grund und Boden absolut ungemein billig, relativ aber enorm theuer ist, weil die Producte, die er dort möglicherweise über seinen eigenen Bedarf hinaus erzielt, z. B. Mais, Bohnen, Mandioka, Kartoffeln 2c. wegen Mangels eines Absatzes gar nicht zu verwerthen und zu Gelde zu machen sind. Ein solcher „theoretischer Ackerbauer" ist daher auch nicht im Stande, an Stelle der verbrauchten Kleidungsstücke, Geräthschaften 2c. neue zu kaufen, geschweige denn gemachte Schulden zu verzinsen und abzutragen. Eine derartige vollkommen zwecklose, weder dem Ansiedler noch anderen Menschen nutzbringende Thätigkeit nennt der deutsche Theoretiker „Kolonisation," und über dieses Thema hält er mit Feuereifer langathmige Reden und schreibt er Dutzende von dickwanstigen Büchern. Die Angehörigen anderer europäischer Nationen trachten, unbekümmert um die graue Theorie und um Kulturstufen, in Südamerika in erster Linie danach, ihre Zeit, ihre Arbeitskraft und ihr Kapital möglichst gut zu verwerthen, d. h. sie suchen sich derjenigen Zweige des dortigen Wirthschaftslebens zu bemächtigen, bei welchen es etwas zu verdienen giebt. Bei Verwirklichung dieser Ideen gelangen sie, wenn auch im Laufe der Zeit wie wohl überall schlechte und verlustbringende Jahre nicht ausbleiben, im Allgemeinen zu Wohlstand und Vermögen, bilden einen konsumfähigen Theil der Bevölkerung und vermögen ihre Nationalität und das Ansehen ihrer Nation zu einem gewissen Einfluß und Geltung zu bringen. Den neuesten Beleg für die Rechtfertigung meiner etwas herben aber begründeten Kritik deutscher Ackerbauschwärmerei am La Plata finden wir in dem vor einiger Zeit in einem großen Theile Deutschlands hartnäckig grassirenden Paraguayfieber und in der Ansiedelung einer Anzahl deutscher „Ackerbauer" und Träger „deutscher Kultur" in der Modellkolonie San Bernardino in dem modernen Wunderlande Paraguay, dem urplötzlich entdeckten gelobten Lande, dem Eldorado für deutsche „Ackerbauer." Mit einem Eifer und Energie, welche einer besseren Sache würdig gewesen wären, wurde in der letzten Zeit jeder vorurtheilsfreie, die wirthschaftlichen Verhältnisse Paraguay's von einem nüchternen Standpunkte aus schildernde und vor Illusionen und abenteuerlichen Unternehmungen eindringlich warnende Mensch von den Herren Paraguayenthusiasten als principieller „Paraguayhasser" hingestellt und verdonnert, d. h. als ein Mensch, welcher sowohl dem Lande Paraguay einen Bevölkerungszuwachs als auch den nach Paraguay sich wendenden deutschen „Ackerbauern" die denselben sich dort eröffnende Aussicht auf Wohlstand und Glückseligkeit *nicht gönnte*. Wie es mit dieser Aussicht auf Wohlstand und mit dieser „Glückseligkeit" der dortigen deutschen „Ackerbauer" in Wirklichkeit bestellt ist, davon haben ja die in letzter Zeit in mehreren deutschen Tagesblättern und Zeitschriften veröffentlichten Briefe deutscher in Folge rosiger Schilderungen nach Paraguay gelockter Auswanderer Aufschluß gegeben. Das La Plata gebiet *war, ist und bleibt in erster Linie ein Gebiet für Viehzucht*, für extensive Viehzucht in der Ferne, und für intensivere Viehzucht in der Nähe der großen Verkehrsstraßen und Konsumplätze; der Ackerbau, d. h. der *außer einer Verbindung mit Viehzucht* betriebene Landbau, wird am La Plata stets eine untergeordnete Rolle spielen.

Die Zahl der Schafe und die Production von Wolle waren bis zum Anfang der funfziger Jahre, bis zu dem Zeitpunkte einer namhaften europäischen Einwanderung am La Plata nur unbedeutend. Bis zum Jahre 1828 kannte man in jenen Ländern überhaupt nur grobwollige Schafe; seit der Zeit fing man an, wenn auch vorläufig in bescheidenem Maaßstabe, mit Merinoböcken zu veredeln. Diese Veredelung und die Vermehrung der Heerden nahmen besonders im Anfange der sechsziger Jahre großartige Verhältnisse an. Die sowohl hinsichtlich der Zahl der Schafe als auch des Exportes von Wolle und Schaffellen vorhandenen statistischen Angaben lassen in Betreff der Genauigkeit und Zuverlässigkeit manches zu wünschen übrig, und man findet, wenn man die von verschiedenen Seiten gemachten Angaben mit einander vergleicht, in der Regel nicht unerhebliche Abweichungen. Da es an dieser Stelle nicht darauf ankommt, eine absolut genaue Statistik zu liefern, sondern nur, dem mit den dortigen Verhältnissen fast gänzlich unkundigen deutschen Leser, resp. deutschen Kapitalisten eine annähernd richtige Idee von der dortigen Production und deren stetigem Wachsthum zu geben, so will ich das mir zu Gebote stehende statistische Material neben- und hintereinander anführen.

Es sind aus der Argentinischen Republik an Wolle verschifft worden:

Jahr	laut der in verschiedenen Zeitungen von Buenos Aires veröffentlichten Angaben. **Ballen.**	Das Gewicht nebenstehender Ballen à 390 kg Netto per Ballen würde sein in **kg**	laut der offiziellen Statistik in **kg**
1852	19,060	7,433,400	?
1853	20,514	8,000,460	?
1857	37,543	14,641,770	?
1860	42,275	16,487,250	?
1865	129,507	50,507,730	?
1866	140,863	54,936,570	?
1867	141,743	55,279,770	?
1868	166,234	64,831,260	?
1869	177,265	69,133,350	?
1870	168,386	65,670,540	65,567,990
1871	141,948	55,359,720	71,934,980
1872	197,287	76,941,930	97,456,137
1873	200,548	78,213,720	83,733,245
1874	205,559	80,168,010	80,206,652
1875	183,563	71,589,590	?
1876	218,775	85,322,250	89,529,122
1877	238,674	93,082,860	97,310,463
1878	219,700	85,683,000	?
1879	216,818	84,559,020	?
1880	221,178	86,259,420	97,518,089
1881	211,285	82,401,150	104,756,922
1882	255,342	99,583,380	111,009,796
1883	261,800	102,102,000	118,403,688
1884	297,200	115,908,000	114,344,648

Wie aus Vorstehendem ersichtlich, existiren zwischen den Zahlen, welche man als Product einer Multiplikation der angeführten Ballenzahl mit der das durchschnittliche Nettogewicht eines Ballens in kg bezeichnenden Zahl 390 erhält, und der vom statistischen Amte in Buenos Aires als exportirt angegeben kg Wolle mitunter nicht unbedeutende Unterschiede, am auffallendsten in den Jahren 1871, 1872, 1881, 1882 und 1883. Man kann daher wohl annehmen, daß in der Angabe der Ballen mitunter nur die im Hafen von Buenos Aires verschifften Ballen verzeichnet sind und die in den Flußhäfen Rosario, San Nicolas ꝛc. verschifften Ballen nicht aufgeführt sind.

Von Montevideo werden als in den drei letzten Saisons, vom 1. November bis zum 31. Oktober, verschifft angeführt:

1881/82	=	49180	Ballen
1882/83	=	58110	„
1883/84	=	60918	„

Hinsichtlich der Bestimmungshäfen mit Ausschluß Nordamerikas stehen mir folgende Daten zu Gebote. Es sind von La Platawollen importirt worden:

Ballen.

	1871	**1872**	**1873**	**1874**	**1875**
in Antwerpen	162,966	138,010	163,193	156,787	158,144
Havre	?	?	?	?	55,827
	1876	**1877**	**1878**	**1879**	**1880**
Antwerpen	157,128	166,198	138,100	122,940	136,343
Havre	71,580	70,165	93,336	89,754	89,037
	1881	**1882**	**1883**	**1884**	
Antwerpen	130,972	169,954	131,332	122,904	
Havre	99,171	81,983	65,656	55,607	
Dünkirchen	12,000	32,600	77,544	111,592	
Bremen	27,332	31,143	35,000	30,985	
Hamburg	4238	13,364	10,211	24,121	
Marseille	6224	4163	3350	2585	
Bordeaux	2245	1817	1752	1791	
Liverpool	839	2581	2739	1346	
London	119	—	72	—	
Rotterdam	519	67	—	—	
Genua	7703	8277	9166	5838	

Bemerkenswerth ist der allmählige Rückgang Antwerpens, welcher Platz früher etwa zwei Drittheile sämmtlicher La Platawollen importirte, im Importe dieses Artikels. Auch Havre scheint zurückzugehen, dafür gewinnen Bremen und Hamburg und ganz außerordentlich Dünkirchen. Auffallend und überraschend ist der Umstand, daß Engländer resp. Irländer, nach deren Heimath nur winzige Quantitäten Wollen vom La Plata verschifft werden, unter allen Fremden am La Plata den bei weitem größten Antheil an der dortigen Schafzucht nehmen, und daß Nordfranzosen, Belgier und Deutsche, deren Heimathländer fast sämmtliche La Platawollen importiren und verarbeiten, sich nur in geringem Grade bei der **Production** dieser Wollen betheiligen. Welchen enormen Antheil überhaupt Engländer und englisches Kapital an der gesammten Wollproduction der Erde nehmen, geht aus folgenden, den Import von Wollen in Europa aus den hauptsächlich Schafzucht treibenden Colonialländern, Australien inclusive Neuseeland, dem La Plata und dem Kap der guten Hoffnung, betreffenden Zahlen hervor.

Es sind in Europa aus genannten Ländern importirt worden:

Ballen.

	1875	1876	1877	1878	1879
Buenos Aires ...	181,342	211,468	230,462	219,299	209,637
Montevideo	40,727	37,322	41,223	39,372	34,524
Australien	694,305	768,792	825,009	790,922	826,357
Kap	174,081	169,504	169,291	160,313	175,793
Total	1,090,455	1,187,086	1,265,985	1,209,906	1,246,311

	1880	1881	1882	1883	1884
Buenos Aires ..	220,917	225,235	269,817	257,155	276,155
Montevideo	36,898	39,753	43,932	50,320	55,734
Australien	863,816	932,508	999,294	1,048,186	1,095,186
Kap	202,563	194,242	191,972	193,367	187,998
	1,324,167	1,391,738	1,505,015	1,549,028	1,615,073

Die Wolleinfuhr aus genannten überseeischen Productionsländern hat sich also während der letzten zehn Jahre um ca. 525,000 Ballen, also per Jahr um durchschnittlich 52,500 Ballen Wolle vermehrt. Es muß bemerkt werden, daß die von Australien und dem Kap verschifften Ballen um ein erhebliches leichter sind, als die La Plataballen; die in ersteren enthaltene Wolle ist jedoch bedeutend werthvoller, weil sie entweder als ungewaschene Wolle ein besseres Waschresultat liefert als die La Platawolle, oder auch zum Theil als auf dem Rücken der Thiere gewaschene Wolle verschifft wird. Die Herren J. L. Bowes & Brother in Liverpool geben in ihrem im Januar d. J. versandten

Circular die Wollproduction der drei vorhin genannten Länder, auf das Gewicht der gewaschenen Wolle reduzirt, folgendermaaßen an:

ausgedrückt in Millionen von englischen Pfunden,
(137 = 137,000,000 — 11 Pfd. engl. = ca. 5 kg)

	1875	1876	1877	1878	1879
Australien...........	137	147	159	150	156
La Plata............	70	73	78	72	67
Kap..............	35	33	34	32	37
Total	242	253	271	254	260

	1880	1881	1882	1883	1884
Australien...........	168	179	197	199	225
La Plata......... ..	77	78	84	85	103
Kap...............	43	40	39	39	39
Total	288	297	320	323	367

Im Falle, daß diese Angaben richtig sind, hat also die Production in Australien in den letzten 10 Jahren um etwa 64 %, diejenige des La Plata um etwa 47 %, die des Kap der guten Hoffnung aber nur um ca. 14 % zugenommen. Im Ganzen ist von 1875 bis 1884 eine Zunahme von reichlich 50 % zu constatiren, wobei freilich zu berücksichtigen ist, daß gerade in den letzten Jahren und speciell im Jahre 1884 sich die Production ganz ungemein gehoben hat. Es kann daher auch nicht Wunder nehmen, daß bei einer so rapide anwachsenden Zufuhr die Preise der Wolle in den letzten Jahren trotz des ohne Zweifel stetig sich vergrößernden Consums fortwährend gefallen sind, und augenblicklich auf ein Niveau angelangt sind, wie solches seit den Jahren 1868 bis 1870 nicht dagewesen ist.

Auf der nächstfolgenden Seite veranschauliche ich die Schwankungen, welchen die Preise von Buenos Aireswollen in den letzten 20 Jahren auf dem Antwerpener Markte unterworfen gewesen sind.

Man unterscheidet in Antwerpen bei den La Platawollen 5 Klassen, belle, bonne moyenne, moyenne, bonne secondaire, und secondaire; die Angaben bezeichnen hier die Preise einer 30 %igen Wolle der zweiten Klasse, bonne moyenne, welche in Wirklichkeit ein Waschresultat von etwa 32 bis 34 % geben dürfte. Auf den übrigen Wollmärkten sind die Schwankungen ganz ähnliche gewesen, jedoch wird diese Tabelle genügen, um für spätere Berechnungen die nöthigen Anhaltspunkte zu geben.

Tabelle zur Veranschaulichung der Preisbewegungen von Wollen aus der Provinz Buenos Aires „prima bonne moyenne" mit einem Waschresultate von 30%, in Antwerpen während der Jahre 1865 bis 1884. Preise in Centimes per kg.

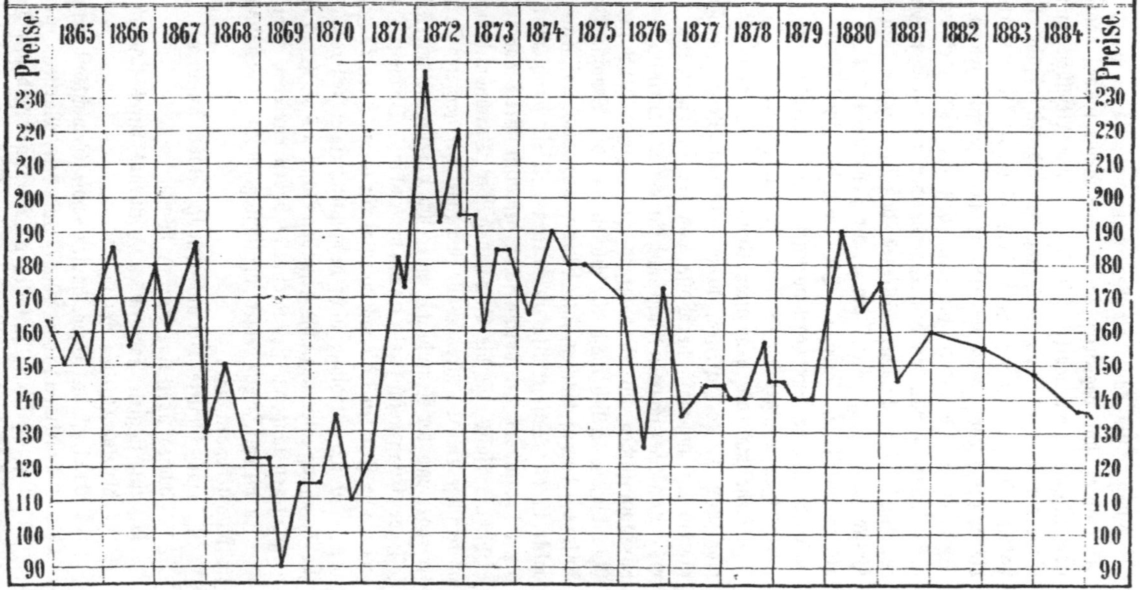

Man sollte kaum glauben, daß ein anscheinend so gleichmäßig gebrauchter und begehrter Artikel wie Wolle solchen enormen Preisschwankungen unterworfen sein könnte, wie dieselben namentlich am Ende der sechsziger und zu Anfang der siebenziger Jahre stattgefunden haben. Der Stand der europäischen Wollmärkte ist natürlich auch für die Märkte der Productionsländer maaßgebend, jedoch verursachen Spekulation und andere Factoren, daß der Wollmarkt am La Plata nicht immer genau mit dem Stande der europäischen Märkte übereinstimmt. Es ist nichts Seltenes, daß in Folge der Spekulation die Preise in Buenos Aires um 5 und stellenweise bis 10 % höher sind als die Preise in Europa. Die durch die jähen Stürze, wie z. B. in 1869 und in dem gegenwärtigen Jahre verursachten großen Verlüste treffen weniger den Züchter als den Exporteur.

Zieht man die genannten Umstände in Betracht, so wird man wohl nicht zu hoch greifen, wenn man den Werth von Franken 1,55 für ein kg ungewaschene Wolle von der in Antwerpen mit „bonne moyenne“ bezeichneten Klasse und für ein Waschresultat von 30 % als durchschnittlichen Werth während der letzten 20 Jahre bezeichnet. Nun können freilich nicht alle Wollen aus der Provinz Buenos Aires Anspruch darauf machen, als bonne moyenne klassifizirt zu werden, dafür ist das Waschresultat in neuerer Zeit ein durchschnittlich höheres als 30 %, so daß der vorhin schon genannte Preis von Franken 1,55 wohl als Basis für die Berechnung des Durchschnittswerthes einer mittelguten Buenos Aires-Wolle zum Zwecke der ferneren Berechnung des Ertrages und der Rentabilität einer sich vorwiegend mit Schafzucht befassenden Estanzia im pasto tierno dienen kann. Ob dieser Durchschnittswerth von Franken 1,55 auch wirklich für die nächsten 20 Jahre bleiben wird, läßt sich allerdings nicht behaupten; einen besseren Anhaltspunkt zur Schaffung einer möglichst gesunden Basis als die Preise eines jüngst vergangenen längeren Zeitabschnittes haben wir eben nicht.

Zu diesem Zwecke einer möglichst genauen Berechnung führe ich im Nachstehenden an:

I., eine fingirte Verkaufrechnung eines Antwerpener Importhauses über eine Parthie Wolle,

II., eine fingirte Factura eines Buenos Aires-Exporthauses über dieselbe Parthie Wolle,

III, Verdienst des Exporthauses sowie Gewichtsdifferenz.

IV., Verkaufswerth der Wolle auf den Märkten, plazas, von Buenos Aires, Unkosten des Verkaufes und des Transportes und schließlicher Werth auf der Estanzia.

I.

Fingirte Verkaufrechnung

über

30 Ballen Wolle, in Antwerpen per Dampfer von Buenos Aires empfangen und verkauft wie folgt:

30 Ballen Wolle	Brutto 11,950 kg	
Tara		
210 eiserne Reifen à 6 kg		
per Ballen .... 180 kg		
ferner 5 kg per Ballen... 150 „		
	330 „	
	Netto 11,620 kg	
à fcs. 1,55 per kg		Fcs. 18,011.—

Unkosten.

Seefracht 33 cbm. à 20 fcs. und 10 %	Fcs. 726.—	
Seeversicherung ¾ % von fcs. 20,000...	„ 150.—	
Polize	„ 3.50	
6 % Zinsen auf Fracht und Versicheruug 2 Mt.	„ 8.80	
Einfuhrdeklaration	„ 17.40	
Löschen, Wiegen, auf Lager bringen etc. à fcs. 4,50 per Ballen	„ 135.—	
Lagermiethe 2 Mt.......................	„ 30.—	
Kleine Unkosten........................	„ 10.—	
Courtage ¾ %	„ 135.10	
Commission und Delcredere 2 %	„ 360.20	
		„ 1,576.—
Netto-Provenue....		Fcs. 16,435.—

Zum Kurse von fcs. 5. — für 1 peso nacl. ergiebt........................Pes. nacls. 3,287.—

II.

Factura
über

30 Ballen Wolle, gekauft auf der Plaza zu Buenos Aires und verschifft per Dampfer nach Antwerpen.

---

30 Ballen ungewaschene Wolle

	Brutto	26250 Pfd.
à 14 Pfd.	Tara	420 „
	Netto	25830 Pfd.

= 1033 arrobas 5 Pfd. à 91 Papierpesos (pes. m|c) per arr.
pes. m|c 94021

Unkosten.*)

Commission und Inspection	1 %	pes. m|c	940	
Empfangen auf der Plaza, wiegen rc.	à ¾ pes. per arrob.	„	775	
Classifiziren	„ ½ „ „ „	„	517	
Emballiren	„ 3 „ „ „	„	3100	
Feuerversicherung	„ 1 %₀	„	94	
Marken und Verschiffen	„ 5 pes. per Ballen	„	150	
Karrenlohn und Leichterfracht	„ 45 „ „ „	„	1350	
Kleine Unkosten	„ 7 „ „ „	„	210	7136
				pes. m|c 101,157

umgerechnet zu pes. fts. Papier zum Satze von pes. m|c 25 für 1 pes. fte. = pes. fts. 4046,28

---

*) Die Unkosten sind hier in ihrer nominellen Höhe angeführt; ein lebhaft arbeitender Exporteur wird nicht unwesentlich an denselben sparen können. In den Flußhäfen San Pedro, San Nicolas, Rosario u. s. w. stellen sich die Unkosten des Verschiffens billiger als in Buenos Aires.

umgerechnet zu pes. nacls. Papier
zum Satze von 30|31 .... pes. nacls. 4181,16
Ausfuhrzoll von Brutto 26250 Pfd.

zum Satze von 45,94 kg
per 100 Pfd. span. = Brutto 12059 kg
2 % Tara 241 „

Netto 11818 kg

zum offiziellen Werthe von 28 pes. nacls.
per 100 kg ergiebt einen Werth
von pes. nacls. 3309,04

Davon 4 % Ausfuhrzoll = pes. nacls. 132,36
Stempelabgabe 1 ‰ = „ „ 3,31

pes. nacls. 135,67
Zollzuschlag 15 % = „ „ 20,35 „ „ 156,02

Pesos nacls. Papier 4337,18

umgesetzt in Gold
zum Kurse von 135/100 = Pesos nacls. Gold 3212,72
Courtage für Goldverkauf .... ⅛ % „ 4,02
„ „ Wechselverkauf .... 1 ‰ „ 3,21

Pesos nacls. Gold 3219,95

Bei vorstehender Factura über 30 Ballen Wolle tritt der auf Seiten 39 und 40 beschriebene Wirrwarr in den argentinischen Münz- und Währungsverhältnissen fast in seinem vollen Umfange zu Tage. Verkauft wird die Wolle nach arrobas, und ihr Preis sowie die Unkosten werden in Papierpesos, pesos de moneda corriente, stipulirt; der Fiscus erhebt den Ausfuhrzoll in pesos nacls Papier, und um solche zu ermitteln muß man erst eine Umrechnung zu den früheren pes. fts. Papier machen, und schließlich muß man, um seine Rechnung dem Auslande gegenüber auf eine stabile Basis zu bringen, den Betrag in Papier zum Tageskurse in Gold reduziren. Nimmt man das Goldagio zu 50 statt 35 an, so würde der Estanziero für seine Wolle etwa 101 pes. m|c auf der Plaza erhalten anstatt 91 pes., er wird aber nur 67½ pes. erhalten, wenn das Papiergeld pari steht.

III.

Das Resultat der Verkaufrechnung war ....Pes. 3287.—
Der Betrag der Factura ist .... „ 3219,95

folglich ergeben sich .... Pes. nacls. 67,05

ca. 2 % als Verdienst für den Exporteur.

Es sind in Buenos Aires verschifft.......... Netto 25,830 Pfd.

zum Satze von 45,94 kg
per 100 Pfd. span. ergeben .... Netto 11,866 kg
Abgerechnet sind in Antwerpen.......................... „ 11,620 „

folglich ergeben sich.................. 246 kg

ca. $2\frac{1}{8}$ % als Gewichtsverlust.

IV.

Der Estanziero erhält auf der Plaza in Buenos Aires für jede Arroba (25 Pfd.) seiner Wolle............ 91 pes. moneda corr.

welcher Preis zu der oben angenommenen Prämie von 35 auf Gold dem Werthe von.................... Pes. nacls. Gold 2,785
entspricht. Rechnet man nun die Unkosten für Verkauf und Abliefern der Wolle auf der Plaza sowie die Transportkosten der Wolle von der Estanzia bis zur Plaza, welche Transportkosten je nach der Entfernung allerdings ziemlich verschieden sein können, im Mittel mit................ „ „ „ —,235

so erhält man den Betrag von .... Pes. nacls. Gold 2,550

als durchschnittlichen Werth einer mittelguten Buenos Aireswolle auf der Estanzia. Feinere und edlere für die Märkte von Havre und Dünkirchen sich eignende Wollen mit höherem Waschresultate, welche in neuerer Zeit in der Provinz Buenos Aires in großen Quantitäten producirt werden, haben selbstverständlich einen höheren Werth.

Entwurf

zu einer nach dem heutigen Stande der Schafzucht am La Plata rationell bewirthschafteten und in Zukunft zu einem intensiveren mit höherer Rentabilität verbundenen Betriebe übergehenden Estanzia im

pasto tierno.

Die zu beschreibende Estanzia wird gedacht als im Norden der Provinz Buenos Aires gelegen, etwa 60 bis 80 km von der Stadt San Nicolas entfernt. Die Größe des Areals wird angenommen zu 3 □Leguas à 27 □km und als Form des Landes ein langgestrecktes Viereck von $\frac{3}{4}$ Legua, also 4500 Varas oder 3897 m Front bei 4 Leguas, also 24000 Varas oder 20784 m Tiefe. (siehe Figur C) Quadratförmige Grundstücke wie im pasto fuerte sind im pasto tierno äußerst selten. Die Kampe in der erwähnten Gegend sind ziemlich hoch, meistens leicht gewellt und sind deshalb nicht, wie die meisten Kampe im Süden der Provinz Buenos Aires, bei starken Regengüssen den verheerenden Ueberschwemmungen ausgesetzt. Auf derartig belegenen mittelguten Kampen kann man per □Legua

etwa 20,000 Mestizoschafe
und 1000 bis 1500 Stück Hornvieh

halten. Als Kaufpreis für solche Kampe veranschlage ich 55000 pesos nach Gold per □Legua, ein Preis, welcher v o r der so eben über-

Figur C.

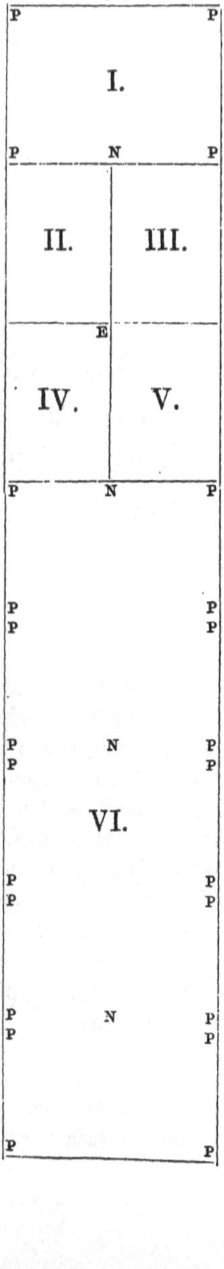

Grundriß der Estanzia

eingetheilt in 6 Hauptabtheilungen.

Abth. I. von 600 □Cuadras für 4 puestos, jeder mit 2100 Schafen, ferner für alte Kühe, Ochsen ꝛc.

Abth. II. u. IV. á 300 □Cuadras, enthaltend die kleineren Abtheilungen für die verschiedenen Stammheerden, Luzernefeld, Baumpflanzungen ꝛc. ferner das Estanziagehöft (siehe Figur D).

Abth. III. u. V. á 300 □Cuadras für alte Schafe, Hämmel und event. für alte Kühe, Ochsen ꝛc.

Abth. VI. großes Weideland der Estanzia von 3000 □Cuadras für 20 puestos, jeder mit 2100 Schafen, und für sämmtliches Zuchtvieh und Jungvieh der einheimischen Rindviehrasse.

E. Hauptgehöft der Estanzia. (Man legt das Hauptgehöft gerne auf einer erhöhten Stelle des Kampes an, um vom Dache des Hauses aus einen möglichst weiten Umblick zu haben; liegt der geeignete Punkt in dem Mittelpunkte des Areales, welcher Fall jedoch selten eintritt, so ist die Lage des Gehöftes die denkbar günstigste.)

N. bezeichnet die Stellen, wo die norias, die großen mit Schöpfapparaten versehenen Brunnen zum Tränken des Viehes, angelegt sind.

P. bezeichnet die Lage der 24 im Kampe zerstreut liegenden puestos, die Wohnungen der Schafhirten, der puesteros, mit ihren corrales und potreros.

standenen Zeit der unaufhörlichen Anleihen und des enormen Landschwindels als kein zu niedriger erachtet wurde und für die nächste Zukunft, zumal bei niedrigen Preisen für Wolle und Talg dem wirklichen Nutzwerthe des Landes reichlich entsprechen wird. Auf derartigen seit vielen Jahren mit Vieh und Schafen bewirthschafteten Kampen wird man stets Gebäude, Corrales, Brunnen &c. schon antreffen, in den meisten Fällen jedoch in einem mehr oder weniger vernachlässigtem Zustande, so daß Neubauten oder umfassende Reparaturen nicht zu vermeiden sind. Ich habe deshalb für Gebäude, Corrales, Brunnen &c. Neubauten veranschlagt und solche als für eine moderne rationelle Wirthschaft berechnet angenommen. Man darf voraussetzen, daß sich auf solchen Kampen eine Anzahl biscacheras (siehe Seite 101) befinden, die beseitigt werden müssen. Die dadurch entstehenden Unkosten sind mitunter nicht unbedeutend. Man pflegte bisher den Arbeitertrupps, welche sich mit der Vertilgung dieser Höhlen beschäftigen, 5 Papierpesos per Bau (poblacion) zu bezahlen, ich habe 20 cents angesetzt. Im Falle der betreffende Kamp bereits eingefriedigt ist, wird man diese Einfriedigung selbstverständlich bezahlen müssen, und im Falle, daß der Kamp nicht eingefriedigt ist, wird man einen äußeren Zaun und verschiedene im Inneren des Kampes, um Zwischenabtheilungen zu schaffen, machen müssen. Haben ein oder mehrere Nachbarn ihre Grundstücke bereits eingezäunt, so ist man, wenn man den eigenen Kamp einfriedigt und zu diesem Zwecke die bereits vorhandenen Zäune der Nachbarn benutzt, gesetzlich verpflichtet, den letzteren die Hälfte des Kostenpreises der betreffenden Zäune zu ersetzen. Ich nehme hier den Fall an, daß der gesammte Kamp neu eingefriedigt wird, wähle als äußeren Zaun eine mittelstarke Construction mit Pfählen in Entfernungen von je 12½ m und 7 Stahldrähten, und für die inneren Zäune eine weniger starke aber vollkommen genügende Construction mit Pfählen in Entfernungen von je 25 m und ebenfalls 7 Stahldräthen. Näheres über Construction und specifizirter Kostenberechnung dieser Zäune ersehe man in dem nächsten Abschnitte. Zum Tränken des Rindviehes im Kamp lege ich nicht wie bei dem ersten Entwurfe einer Estanzia im pasto fuerte einfache Ziehbrunnen an, sondern sogenannte norias, d. h. mit einem Paternosterschöpfwerk und Göpel versehene Brunnen. Die Klassen des Viehes sind mittelgute Mestizoschafe und mittelgutes einheimisches Vieh. Auf etwa 80 Schafe al corte*) rechne ich 1 Bock und auf etwa 200 Stück Rind-

*) al corte, siehe Seite 4.

vieh al corte 3 Stiere. Für Veredelung und Verbesserung dieses Viehes wird gesorgt durch Haltung von edlen Stammheerden, welche vorläufig für die Aufzucht von Böcken und Stieren zur Verwendung in den großen Heerden der Estanzia bestimmt sind und nur die überflüssigen Zuchtthiere zum Verkaufe abgeben.

Diese Heerden bestehen in

1) einer kleinen Supramerinoheerde mit 2 importirten oder dort im Lande gezüchteten hochfeinen Böcken, deren Nachzucht zum Theil in die großen Heerden gesetzt, zum Theil verkauft, zum Theil und zwar die besten Exemplare, versetzt wird in

2) eine Secundamerinoheerde, welche aus etwa 16 bis 18 Böcken mit den dazu gehörenden weiblichen Thieren besteht, und welche Heerde bestimmt ist, die für die großen Heerden nöthigen Böcke zu liefern.

3) einer Rindviehstammheerde, bestehend aus einem importirten oder dort im Lande gezüchteten ächten Bullen der Shorthorn- oder Herefordrasse mit etwa 40 Mestizokühen, deren männliche Nachkommen in den großen Viehstapel gesetzt werden.

Für die Haltung dieser Stammheerden sowie für deren Nachkommen, ehe letztere zur Zucht verwandt werden, sowie für die Böcke der großen Heerden, welche ca. 9 Monate des Jahres von den Schafen getrennt gehalten werden, um die Lammungen nur im Herbste und Frühjahr zu haben, ferner für die zur Zucht nicht mehr zu benutzenden alten Schafe und alten Kühe*) sowie für die zum Verkaufe bestimmten Hämmel werden in nächster Nähe der Hauptgebäude und der Wohnung des Eigenthümers oder Mayordomos gesonderte Weideplätze, potreros, eingerichtet. (siehe Figur D) Die Supramerinoheerde hat zum Schutze gegen kaltes und nasses Wetter einen Schuppen (galpon). Die zum Tränken dieser in den verschiedenen potreros eingeschlossenen Thiere bestimmten Brunnen werden an den Kreuzungspunkten der Zäune angelegt, um die Thiere mehrerer potreros aus einem und demselben Brunnen tränken zu können. Ferner werden in möglichster Nähe der Wohnungs- und Verwaltungsgebäude ein Luzernefeld (alfalfar) und ein Gehölz aus Pfirsichbäumen, Paraisos, Pappeln, Eucalyptos rc., ein sogenanntes monte, angelegt, ersteres um für die werthvollen Thiere der Stammheerden sowie für die Arbeitspferde

*) Schafe werden etwa im sechsten und Kühe im zehnten Lebensjahre abgesondert und nicht mehr zur Zucht benutzt. Läßt man die Thiere älter werden, so liefern sie entweder keine oder doch nur schwächliche Nachzucht und sind stets die ersten, die bei kalten Regen oder Dürren sterben.

Figur D.

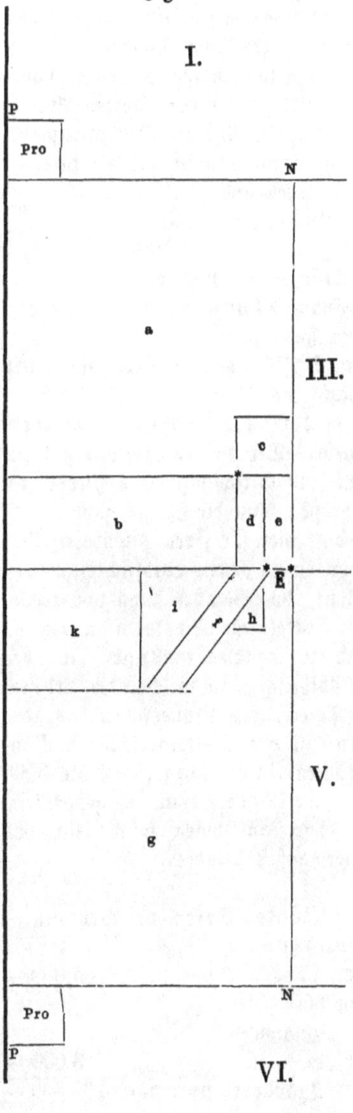

Grundriß
der Hauptabtheilungen II. u. IV.
der Figur C.

E. Hauptgehöft der Estanzia.

a. u. b. potreros von 216 resp. 60 □Cuadras für junge und alte Schafböcke, junge feine Bullen ꝛc., überhaupt männliche Thiere, welche von den Heerden abgesondert werden.

c. d. } 4 kleine potreros von
e. f. } $7\frac{1}{2}$ resp. 9 □Cuadras für die Supramerinoheerden und deren Nachkommen.

h. Gemüsegarten des Gehöftes.

i. Baumwäldchen, monte, von ca. 12 □Cuadras Größe.

k. Luzernefeld von ca. 42 □ Cuadras.

g. potrero für die Secundamerinoheerde, die Rindviehstammheerde und die Reit- und Arbeitspferde der Estanzia.

N. norias (Brunnen).

* kleinere Brunnen.

P. puestos.

Pro. Der zu jedem puesto gehörende potrero für Mutterschafe mit neugeborenen Lämmern.

und einige Milchkühe stets hinreichendes Futter zu haben, und das Gehölz, um die Estanzia mit dem nöthigen Brennholze zu versehen.

Das zum Hüten und Aufwarten der Stammheerden und der Heerden von alten Schafen und Hämmeln nöthige Personal wohnt auf der Estanzia, d. h. dem Gehöft selbst, unter der directen Aufsicht des Mayordomos; die Hirten der großen Schafheerden, die puesteros, wohnen im Kamp zerstreut, jeder auf seinem puesto. Diese puestos liegen an dem äußeren Zaun und bestehen aus

1 Wohnungsgebäude für den Hirten,
1 Corral für die Heerde,
1 Brunnen und Tröge zum Tränken der Heerde,
1 Potrero von ca. 8 bis 10 □Cuadras Größe, um die Mutterschafe mit neugeborenen Lämmern hineinzusetzen,
1 umzäuntes Terrain von ca. 1 □Cuadra für den Anbau von Gartengewächsen sowie Mais und Luzerne.

Einem puestero giebt man von 1500 bis 2500 Schafe al corte zum Hüten, mitunter auch noch mehr. Bei kleinen Heerden sind die Unkosten für Haltung eines Hirten und Errichtung eines puesto im Verhältniß sehr hohe, und bei zu großen kann die Heerde nicht gebührend beaufsichtigt werden. Ich rechne hier für jeden puestero 2100 Schafe al corte, welche bequem von einem Hirten beaufsichtigt werden können, so lange nur Weidewirthschaft ohne Verabreichung von trockenem Futter, getrieben wird. Die Corrale für Schafe nehme ich an als aus mittelstarken Pfählen und 10 Drähten construirt, nur der sogenannte trascorral, eine kleine Abtheilung, in welcher die Arbeiten des Aussuchens der verschiedenen Thiere, des Klauenschneidens, des Reinigens ꝛc. vorgenommen werden, ist mit Bretterverschlägen, lienzos, construirt. Die Herstellungskosten eines solchen für 2 bis 3000 Thiere berechneten Corrales dürften mit 120 pesos nacls. gedeckt sein.

Unter Berücksichtigung aller dieser Annahmen würde sich das Anlagekapital der Estanzia folgendermaaßen belaufen.

I. Grundstück, Umzäunungen, Gebäude, Corrales, Brunnen.

3 □Leguas Kamp mit pasto tierno à 55000 pesos	pes. nac. 165,000.—
Kosten der Ausrottung von 5000 biscacheras per □Legua, zusammen 15000 biscacheras à 20 cts.	„ „ 3,000.—
Transport	pes. nac. 168,000.—

Transport		pes. nac.	168,000.—
Einfriedigung dieses Terrains, ca. 9½ laufende Leguas à 1000 pesos per Legua		„ „	9,500.—
ca. 6 laufende Leguas innerer Zäune zur Herstellung der potreros à 800 pesos per Legua		„ „	4,800.—
Hauptgebäude der Estanzia mit 6 bis 8 Zimmern		„ „	2,600.—
Küche und Wohnungen für das auf der Estanzia selbst wohnende Personal		„ „	1,400.—
Ein Schuppen (galpon) zum Scheeren der Schafe und zur Aufbewahrung von Wolle, Fellen, Häuten 2c.		„ „	1,000.—
Ein Schuppen für die Supramerino-heerde		„ „	1,000.—
Badeeinrichtung zum Kuriren von krätzigen Schafen		„ „	400.—
7 Corrales (4 große und 3 kleine) für die auf dem Gehöfte selbst befindlichen Schafheerden		„ „	600.—
2 Corrales (1 großer und 1 kleiner) für Rindvieh		„ „	1,400.—
1 Brunnen auf dem Estanziagehöfte für den Hausgebrauch und das Vieh in 2 kleinen potreros		„ „	200.—
2 Brunnen für das Vieh in den potreros bei dem Gehöfte		„ „	450.—
4 norias für das Rindvieh im Kamp und die 4 größten potreros à pes. 1250.—		„ „	5,000.—
24 puestos mit den nöthigen Anlagen, welche sind:			
1 Wohngebäude für den Hirten	pes. 150.—		
1 Brunnen	„ 50.—		
1 Corral	„ 120.—		
1 umzäunter Garten	„ 60.—		
Transport	pes. 380.—	pes. nac.	196,350.—

Transport	pes. 380.—	pes. nac. 196,350.—
1 Umzäunung des potreros, 9 laufende Cuadras und Thorweg	„ 190.—	
	pes. 570.—	„ „ 13,680.—
		Pes. nac. 210,030.—

II. Bewegliches todtes Inventar.

Schöpfapparate für die 3 Brunnen bei dem Gehöfte und in den potreros.....	pes. nac. 500.—
Tröge für die 24 puestos und die 3 Brunnen bei dem Gehöfte à pes. 100.— ...	„ „ 2700.—
Tröge für die 4 Norias à pes. 250.—..	„ „ 1000.—
Mähmaschine, Karren, Geschirre, Geräthschaften ꝛc.	„ „ 2800.—
	pes. nac. 7000.—

III. Lebendes Inventar.

a. Rindvieh.

1	ächter Stier	pes. nac. 350.—
40	Mestizokühe ½ bis ¾ Blut à pes. 30	„ „ 1,200.—
3500	Stück einheimisches Rindvieh al corte à 4½ pes.	„ „ 15,750.—
55	Mestizostiere à 35 pes.	„ „ 1,925.—
3596	Stück zum Durchschnittspreise von 5½ pes.	
20	Arbeitsochsen à 25 pes.	„ „ 500.—
		pes. nac. 19,725.—

b. Schafe

2	hochfeine Böcke à pes. 180	pes. 360.—	
120	weibliche Supramerinothiere . à pes. 6	„ 720.—	
16	Secunda Böcke à pes. 30	„ 480.—	
1,000	weibliche Secundamerinothiere à pes. 3½	„ 3,500.—	
	Transport	pes. 5,060.—	pes. nac. 19,725.—

	Transport	pes. 5,060.—	pes. nac. 19,725.—
726	gewöhnliche Böcke à pes. 7	„ 5,082.—	
58,000	Schafe al corte à pes. 1	„ 58.000.—	„ „ 68,142.—
59,864	Thiere zum Durchschnittspreise von pes. 1,16.		

c. Pferde.

200	zahme Pferde à $12\frac{1}{2}$ pes.	pes. 2,500.—	
15	zahme Pferde à 30 pes.	„ 450.—	„ „ 2,950.—
		Total	pes. nac. 90,817.—

IV. Kosten für erste Einrichtungen und unvorhergesehene Ausgaben pes. nac. 2153.—

Das Gesammtkapital zum Ankaufe der 3 □Leguas Kamp im pasto tierno, und zur vollständigen Einrichtung und Besetzung der Estanzia würde sich demnach belaufen auf:

I.	Grundstück ꝛc.	pes. 210,030.—
II.	Bewegliches todtes Inventar	„ 7,000.—
III.	Lebendes Inventar	„ 90,817.—
IV.	Sonstige Unkosten.	„ 2,153.—
		pes. 310,000.—

Das Anlagekapital beträgt in diesem Falle also für jede □Legua über 100,000 pesos oder über 400,000 Reichsmark.

Je nach der Güte des Kampes und nach dem Werthe der von diesem Kampe zu erzielenden Producte wird dasselbe ganz wesentlich höher oder niedriger sein können. So wird es sich für Estanzias in der Nähe der Stadt Buenos Aires oder in Gegenden, wo man wegen der feinen und nahrhaften Gräser 30,000 und mehr schöne Schafe halten, oder beträchtliche Quantitäten Vieh für die städtischen Schlächtereien mästen kann, bedeutend höher gestalten, und umgekehrt wird man in anderen Gegenden, wo man per □Legua nur etwa 10 bis 15000 Schafe halten kann, mit einem geringeren Kapitale auskommen.

Vermehrung des Viehes und deren Verbleib resp. Verwerthung.

Jeder mit dem Estanziageschäfte Vertraute, ja selbst alte ergraute Estanzieros werden zugeben, daß es unmöglich ist, absolut zuverlässige Daten hinsichtlich der durchschnittlichen Vermehrung eines Viehstapels zu geben, besonders bei Schafen. Der Stand der Weiden und der dadurch bedingte Ernährungszustand der Mutterthiere, sowohl zur Zeit der Paarung als auch der Trächtigkeitsperiode als auch während der Saugzeit, die günstigen oder ungünstigen Witterungsverhältnisse während der Geburtszeit und der ersten Lebensperiode der jungen Thiere, ferner der Umstand, ob viele oder wenige oder keine alte und nicht mehr trächtig werdende weibliche Thiere in den Zuchtheerden sind, über einen großen Einfluß auf die Größe der Vermehrung der Thiere aus. Sind sämmtliche volljährige weibliche Thiere einer Heerde noch verhältnißmäßig jung, ist der Ernährungszustand derselben während der genannten Perioden ein guter, ist die Witterung während der Geburtszeit und der ersten Lebensperiode der jungen Thiere eine milde, so werden die Heerden eine große Vermehrung haben. Der letzte Factor fällt besonders bei den gegen ungünstige Witterung sehr empfindlichen Lämmern ins Gewicht; die jungen Kälber sind ihrer dickeren Haut wegen widerstandsfähiger gegen Ungunst des Wetters. Sind dagegen in einer Heerde viele alte weibliche Thiere, ist der Ernährungszustand der Heerde sowie die Witterung in den genannten Perioden ungünstig, so wird die Vermehrung selbstverständlich eine sehr geringe sein. In sehr guten Jahren kann man beim Rindvieh eine Vermehrung von 40 % und darüber und bei Schafen von 50 % und darüber haben und in schlechten Jahren kann es vorkommen, daß man außer der eigentlichen Vermehrung noch einen Theil seines Viehstapels verliert. Bei den Schafen sind die Extreme am häufigsten.

In dem Entwurfe zu einer Rindviehestanzia im pasto fuerte habe ich die durchschnittliche Bruttovermehrung beim Rindvieh mit 27—28 % vom gesammten Viehstapel bezeichnet. Unter Bruttovermehrung verstehe ich beim Rindvieh die Zahl der Kälber, welche mit dem Brandmal, und bei den Schafen die Zahl der Lämmer, welche mit dem Zeichen im Ohre versehen werden. Alle jungen Thiere, welche unmittelbar oder bald nach der Geburt sterben und in Folge dessen nicht gemarkt oder gezeichnet werden, werden nicht gerechnet. Ich nehme hier als durchschnittliche Bruttovermehrung des Rind-

viehes an .... 26 %
davon gehen ab für Verlust durch Sterblichkeit,
Diebstahl und Verlaufen .... 4 „
es bleibt demnach als Nettovermehrnng .... 22 %

Diese 22 % Nettovermehrung werden folgendermaaßen verwerthet:
Es werden auf der Estanzia consumirt .... 1 %
es werden an Saladeros oder Mataderos verkauft 15 „
es werden al corte verkauft .... 6 „
Total...... 22 %

Bei den Schafen rechne ich als durchschnittliche Bruttovermehrung .... 25 %
davon gehen ab für Verlust durch Sterblichkeit,
Diebstahl und Verlaufen .... 6 „
bleibt Nettovermehrung .... 19 %

Diese Nettovermehrung von 19 % des gesammten Schafbestandes wird auf folgende Weise wieder ausgeglichen:
Es werden auf der Estanzia consumirt .... 4 %
es werden an Mataderos und Graserias verkauft .. 10 „
es werden als Ausschußschafe, al corte ꝛc. verkauft 5 „
Total...... 19 %

Diese als Durchschnittssatz angenommene Bruttovermehrung von 26 und 25 % und Nettovermehrung von 22 und 19 % kann selbstverständlich nur für eine längere Zeitdauer, einen Estanziabetrieb von 12 bis 15 Jahren etwa, als Basis gelten, weil sich in einem solchen längeren Zeitabschnitt die guten und die schlechten Jahre einigermaaßen die Wage halten. Für einen Betrieb von wenigen Jahren läßt sich, zumal bei Schafen, keine Basis aufstellen, weil bei einem solchen kurzanhaltenden Betriebe die Resultate ja möglicherweise durch entweder vorwiegend günstige oder auch vorwiegend ungünstige Jahre stark beeinflußt werden.

Bei Zugrundelegung der ermittelten Brutto- resp. Nettovermehrung wird im vorliegenden Falle die Veränderung im Viehstapel in folgender Weise vor sich gehen:

a. Rindvieh.

Existenz im Anfange des Betriebsjahres ...... 3596 Stück
Bruttovermehrung 26 % .... 935 „
Total...... 4531 Stück

	Transport	4531 Stück
Verlust durch Sterblichkeit Diebstahl und Verlaufen 4 %	144 Stück	
Consum 1 %	36 „	
Verkauf an Saladeros und Mataderos 15 %	539 „	
Verkauf al corte 6 %	216 „	935 „
Existenz am Ende des Betriebsjahres wieder		3596 Stück

b. Schafe.

Existenz im Anfange des Betriebsjahres		59,864 Stück
Bruttovermehrung 25 %		14,966 „
	Total	74,830 Stück
Verlust durch Sterblichkeit, Diebstahl und Verlaufen 6 %	3592 Stück	
Consum auf der Estanzia und in den puestos 4 %	2394 „	
Verkauf an Mataderos und Graserias 10 %	5986 „	
Verkauf al corte, Ausschußthiere ꝛc. 5 %	2994 „	14,966 „
Existenz am Ende des Betriebsjahres wieder		59,864 Stück

c. Pferde.

Die durch Alter oder Verlust abgehenden Pferde werden, da keine Stuten zur Zucht gehalten werden, durch Ankauf wieder ersetzt.

Der Consum von Schafen auf dem Estanziagehöfte und auf den Puestos wird specificirt etwa folgender sein:

Auf der Estanzia werden 2 Schafe oder Hämmel per Tag geschlachtet, also per Jahr	730 Thiere
Die 24 Puesteros werden, da jeder von ihnen jeden dritten Tag ein halbes Schaf resp. Hammel, also per Jahr 61 Thiere erhält, zusammen in einem Jahre consumiren	1464 „
Zur Zeit der Schur, des Viehmarkens und anderer Gelegenheiten, bei welchen fremdes	
Transport	2194 Thiere

	Transport	2194 Thiere
Personal auf der Estanzia verpflegt werden muß, werden consumirt außer den 36 Rindern		200 „
	Total......	2394 Thiere

Bruttoerträge, Unkosten und Nettoertrag der Estanzia.

Die Einnahmen der hier angenommenen Estanzia werden sich beschränken auf den Erlös für verkauftes Vieh und für thierische Producte; Ackerbauproducte wird man eher kaufen als verkaufen, z. B. Luzerneheu, Mais ꝛc. für die Stammheerden und Pferde. Legt man bei Verkäufen Werthe, wie solche sich in einem Zeitraum von 20 Jahren als mäßige Durchschnittswerthe der zu verkaufenden Objecte ergeben haben, zu Grunde, so gelangt man unter Festhaltung der im vorigen Abschnitte ermittelten Quantitäten von geborenen, gestorbenen und zu verkaufenden Thieren zu folgenden Resultaten*).

a. Rindvieh.

Von den 144 als gestorben, verlaufen und gestohlen angeführten Thieren rechne ich 100 Häute als zum Verkaufe kommend, die übrigen 44 als verloren betrachtend, und von den 36 als consumirt angeführten Thieren rechne ich die Häute von 11 Thieren als in der Wirthschaft zu Lazos, zu Sattelzeugen ꝛc. verbraucht, so daß also nur 25 Consumhäute zum Verkaufe kommen. Die Einnahmen sind demnach

100	Häute von gefallenen Thieren à 2 pes.......	pes.	200.—
25	„ „ geschlachteten Thieren à 3 pes.....	„	75.—
125	Häute		
100	Ochsen im Winter verkauft à 12 pes.........	„	1200.—
300	Ochsen und Kühe im Sommer verkauft à 9 pes.	„	2700.—
135	„ „ „ „ „ „ à 8 „	„	1080.—
4	Mestizothiere.................. „ 20 „	„	80.—
539	Thiere		
216	Thiere al corte verkauft à 4½ pes..........	„	972.—
		Total pes.	6307.—

*) Ob für die nächsten 15 oder 20 Jahre dieselben Durchschnittswerthe bleiben werden, liegt selbstverständlich außer meiner Berechnung. Die Production von Colonialwollen hat ja wie auf Seite 109 gezeigt, ganz enorm zugenommen, eine wirkliche Ueberproduction hat sich jedoch nur in den Jahren 1868 bis 1870 und im gegenwärtigen Jahre fühlbar gemacht.

b. Schafe.

Von den 3592 durch Tod oder anderweitige Ursachen verlorenen Thieren hat man erhalten und verkauft

1500 Epidemiefelle à 18 cts. ....pes. 270.—

Von den 2394 Consumfellen sind in der Wirthschaft verbraucht zum Binden der zu scheerenden Schafe, zu Satteldecken ꝛc.

294

bleiben 2100 Consumfelle zum Verkauf. Dieselben zerfallen in

450 geschorene Felle à 12 cts.	....	pes.	54.—
400 Felle mit ¼ Wolle à 25 cts.	....	„	100.—
400 „ „ ½ „ „ 45 „	....	„	180.—
450 „ „ ¾ „ „ 65 „	....	„	292.50
400 „ „ 1 „ „ 80 „	....	„	320.—
2100 Felle			

Die für den Consum geschlachteten 2394 Thiere haben geliefert à 3½ Pfd. Fett per Thier 8379 Pfd. = 325 arr. 4 Pfd. Fett à 1⅛ pes. per arr. .... „ 377,06

Im Februar werden die im vorhergehenden Frühjahre geborenen Lämmer geschoren. Unter den am 1. Januar als Existenz aufgeführten 59864 Thieren sind, wenn man von den 25 % Bruttovermehrung 9 % auf die Frühjahrslammung und 16 % auf die Herbstlammung rechnet

5387 im vorhergehenden Frühjahre, also im September des Vorjahres, geborene Lämmer gewesen. Von diesen sind inzwischen etwa

187 gestorben, so daß

5200 im Februar zur Schur gelangen. Dieselben ergeben an Wolle à 2 Pfd. per Kopf 10400 Pfd. oder 416 arr. Lammwolle mit Kletten à pes. 1,70 per arr. .... „ 707.20

Die zu verschiedenen Perioden des Jahres verkauften

5986 Hämmel und fetten Schafe haben ergeben à pes. 1,85 per Kopf .... „ 11,074.10

Transport pes. 13,374.86

Transport pes. 13,374.86

Die große Wollschur findet je nach den Umständen von Ende October bis Ende November statt. Zur Schur gelangen 57,978 Thiere, und diese Zahl ergiebt sich aus folgender Rechnung.

Existenz im Anfange des Jahres war			59,864 Stück
dazu kommen die im Herbste, im März und April geborenen Lämmer, 16 % der 25 % betragenden Vermehrung	9578 Stück		
abzüglich der inzwischen nach der Zeichnung gestorbenen und verlorenen	278 „	9,300 „	
		Totalsumme	69,164 Stück
Hiervon sind abzuziehen die verkauften	5986 Stück		
die in etwa 10 Monaten consumirten ...	1900 „		
die in derselben Zeit gestorbenen oder verlorenen	3300 „	11,186 „	
		bleiben	57,978 Stück

Diese 57,978 Thiere setzen sich zusammen und liefern an Wolle wie folgt:

5,000	Jährlinge welche von den im Februar geschorenen 5200 Lämmern gebildet werden; dieselben liefern à $2\frac{1}{2}$ Pfd...	12,500 Pfd.
9,300	Lämmer, welche zum ersten Male geschoren werden und Lammwolle ohne Kletten liefern, per Kopf à $1\frac{3}{4}$ Pfd...	16,275 „
43,678	große Thiere à $5\frac{1}{4}$ Pfd. per Kopf	229,310 „
57,978 Thiere	Total	258,085 Pfd.

oder $4\frac{9}{20}$ Pfd. Wolle per Kopf.

Transport pes. 13,374.86

Transport pes.	13,374.86
Diese 258,085 Pfd. oder 10323 arr. 10 Pfd. Wolle sind verkauft auf der Estanzia abgeliefert als	
9385 arr. — Pfd. Wolle à pes. 2,55	„ 23,931.75
938 „ 10 „ Bauchwolle à pes. 1,275	„ 1,196.46
Der Verkauf der 2994 Thiere al corte ergiebt mit Einschluß von verkauften besseren Merinothieren	
60 Merinoböcke und Schafe à 5 pes. ...	„ 300.—
2934 gewöhnliche Thiere (Ausschußschafe) à 1 pes.	„ 2,934.—
Total pes.	41,737.07

Unkosten der Estanzia.

Die durch den Estanziabetrieb erwachsenden Unkosten zerfallen in 5 Hauptklassen,

1) Löhne für das Personal.
2) Lebensmittel für das Personal.
3) Arbeitslöhne für einzelne große Arbeiten z. B. die Schafschur.
4) Reparaturen an Gebäuden und Zäunen.
5) Steuern, Abgaben und sonstige Unkosten.

Die Zahlungen für sämmtliche Unkosten wurden und werden in der Argentinischen Republick in Papiergeld geleistet. Eine Entwerthung des Papiergeldes convenirt daher, wie ich auf Seite 40 schon kurz erklärt habe, dem Estanziero sehr. Diese Entwerthung des Papiergeldes, eine Finanzkrankheit, an welcher augenblicklich alle Staaten des südamerikanischen Continentes mit Ausnahme des kleinen Staates Uruguay sehr stark leiden, wird wahrscheinlich für die nächsten Jahre eher zu- als abnehmen. Sie ist die Frucht der flotten Anleihen, des Geldüberflusses und der aus diesen Ursachen entsprungenen leichtsinnigen und verschwenderischen Finanzwirthschaft und ungeheuren Gründerperiode der letzten Jahre. Auf welcher Höhe sich die Prämie von Gold zu Papier in nächster Zeit halten wird, kann ich eben so wenig wie die Herren Börsenjobber in Buenos Aires wissen und sagen, jedoch glaube ich, daß einige Jährchen vergehen werden, ehe wir die Prämie von Gold auf Papier unter 30 sehen werden. Nur ein eingefleischter Optimist oder ein mit einflußreichen Kreisen „befreundeter" Mensch, wie es solche in Buenos Aires, besonders unter den Redacteuren gewisser „uneigennütziger" und „wahrheitsliebender" Blätter, ja in Hülle und Fülle giebt, kann anderer Ansicht sein. Ich kann nicht umhin, diesen Umstand der Entwerthung des Papiergeldes bei der Angabe der Löhne zu berücksichtigen und habe bei solchen Löhnen, wie man sie *durchaus tüchtigen und brauchbaren* Leuten bezahlt, eine Prämie von Gold auf Papier von etwa 25 bis 30 % angenommen.

Die Unkosten für die betreffende Estanzia würden demnach, auf pesos nacionales *Gold* reduzirt, sein:

a. Löhne.

1	Capataz (Vogt) zur Anordnung und Beaufsichtigung der beim Rindvieh nöthigen Arbeiten à 15 pes. per Monat	pes.	180.—
1	Capataz für desgl. bei den Schafen à 15 pes. per Monat........................	„	180.—
10	Hirten oder Arbeiter (peones) für das Rindvieh, die auf dem Estanziagehöfte selbst befindlichen Schafheerden, für das Kleefeld und den Garten 2c. à 11 pes. per Mt...	„	1320.—
1	Köchin...............................	„	100.—
24	Puesteros à 13 pes. per Mt.	„	3744.—
	Total	pes.	5524.—

b. Lebensmittel für das Personal.

Neben der Hauptnahrnng, dem Fleische, über dessen Consum ja weiter oben das Nähere gesagt ist, pflegt man außer den wenigen pflanzlichen Nahrungsmitteln, welche auf dem Hauptgehöfte oder auf dem umzäunten Ackerlande der puestos gebaut werden, als Mais, Kürbisse, Kartoffeln u. a. m. nur Zwiebäcke (galletas), Paraguaythee (yerba), Zucker und einige Kleinigkeiten zu geben. Ein Puestero erhält gewöhnlich per Monat

½ arr. galletas	pes.	0,75
¼ „ yerba	„	0,50
¼ „ Zucker	„	0,50
¼ „ Reis	„	0,50
Kleinigkeiten als Salz 2c.	„	0,50
zusammen	pes.	2,75

mithin per Jahr für pes. 33.—. Solches ergiebt für die

24 Puesteros	pes.	792.—
Transport	pes.	792.—

	Transport pes. 792.—
Außerdem gestattet man den Puesteros die Haltung von einigen Milchkühen.	
Als Ausgaben für Galletas, Yerba, Zucker, Reis, Mehl ꝛc. für das auf dem Estanziagehöfte befindliche Personal rechne ich	„ 500.—
	Total pes. 1292.—

c. Arbeitslöhne für die Schafschur.

Es liegt im Interesse der Estanzia, das Scheeren der Schafe nicht auf dem möglichst billigen und schnellsten Wege, sondern auf einem ruhigen und sorgfältigen, wenn auch etwas kostspieligeren, zu beschaffen. Man pflegt die Thiere der Stammheerden sowie die Böcke der großen Heerden vor der großen Schur zu scheeren, um diese werthvolleren Thiere mit desto größerer Sorgfalt behandeln zu können. Ich rechne hier für Greifen und Binden der Thiere, Scheeren und Aufbinden der Wolle

bei den letztgenannten Thieren . . . . 6½ cents per Kopf
„ „ Thieren der großen Heerden . . 4¼ „ „ „
oder 6½ resp. 4¼ pesos per Hundert Thiere.

Im vorliegenden Falle würde man verausgaben für

ca. 2000 Thiere à 6½ cents	pes. 130.—
„ 61000 „ „ 4¼ „	„ 2592.50
	pes. 2722.50

d. Reparaturen an Gebäuden und Zäunen.

Für diese Unkosten rechne ich per Jahr . . . . pes. 600.—

e. Steuern, Abgaben und sonstige Unkosten.

Die hauptsächlichste directe Abgabe ist die Grundsteuer, sie variirt in den verschiedenen Provinzen zwischen 4 und 6 %. Da man in den letzten Jahren, in welchen die Grundstücke als Speculationsobjecte in Folge der Gründerperiode und des Landschwindels eine so rapide aber unnatürliche Steigerung in ihrem Werthe, wenn auch nur vorübergehend, erlitten, diese Grundstücke auch bedeutend höher eingeschätzt hat, als ihr wirklicher Nutzwerth ist, so wird man wenigstens 5 % für

Grundsteuer rechnen müssen. Diese Steuer würde also betragen von einem Kapitale von rund pesos 210,000.— .... pes. 1050.—

Für geringfügige Abgaben sowie sonstige Unkosten wird man noch	„	500.—
und für etwa 20 an Stelle von unbrauchbar gewordenen oder verlorenen Pferden neu gekaufte Thiere weitere	„	250.—
zu bezahlen haben.		
	Total pes.	1800.—

Die **Gesammtunkosten** der Estanzia würden also sein:

a. für Löhne	pes.	5,524.—
b. für Lebensmittel	„	1,292.—
c. für Arbeitslöhne zur Schafschur 2c.	„	2,722.50
d. für Reparaturen	„	600.—
e. für Steuern, Abgaben und sonstige Unkosten	„	1,800.—
	Total	11,938.50

Nettoertrag der Estanzia und Rentabilität.

Die Bruttoerträge waren beim Rindvieh	pes.	6,307.—
bei den Schafen	„	41,737.07
	Total pes.	48,044,07
Die Unkosten sind	„	11,938.50
bleibt **Nettoertrag**	pes.	36,105.57

Das gesammte zur Anlage und zum Betriebe der Estanzia verwandte Kapital war, wie auf Seite 125 ermittelt, pesos nacls. **Gold** 310,000.—, folglich verzinst sich das Kapital jährlich mit durchschnittlich $11\frac{2}{3}$ %, wenn der Eigenthümer die Estanzia selbst verwaltet. Findet die Verwaltung durch einen Mayordomo statt, wie es auf allen größeren Estanzias in den weitaus meisten Fällen geschehen wird, so ist natürlich das Gehalt oder der Antheil dieses Mayordomo, welche je nach Uebereinkunft ziemlich verschieden sein können, noch in Rechnung zu bringen.

Intensiverer Betrieb und Erhöhung der Rentabilität der Estanzia.

Die Hoffnung, daß in absehbarer Zeit eine namhafte Steigerung der in der vorigen Abtheilung angenommenen Durchschnittswerthe der hauptsächlichsten Stapelartikel mit Ausnahme des Fleisches eintreten wird, ist wohl eine ziemlich schwache; eine höhere Rentabilität wird der Estanziero nur durch einen intensiveren Betrieb erzielen können, welcher die Erzeugung einer größeren Quantität und einer besseren Qualität der Producte auf demselben Areal erstrebt. Durch diesen intensiveren Betrieb müßte vor allen Dingen versucht werden, einen gleichmäßigeren Ernährungszustand der Thiere zu ermöglichen, denn der ungleichmäßige und schlechte Ernährungszustand der Thiere ist der Grund der meisten Uebelstände und Schattenseiten des Estanziageschäftes. Schlecht ernährte Thiere liefern wenige und schwächliche Nachzucht, wenig Milch, wenig Fleisch, kein Fett, wenige und schwache Wolle u. s. w. Die Sterblichkeit unter ihnen bei anhaltend ungünstiger Witterung, namentlich bei kalten mit heftigen Winden verbundenen Regen, den sogenannten temporales, oder bei einem der freilich sehr seltenen Schneegestöber ist eine große, ferner sind solche Thiere zu Krankheiten und krankhaften Zuständen, wie Krätze und dergleichen leichter disponirt als gut ernährte Thiere. Ein rationell wirthschaftender und vorsorglicher Estanziero sollte daher für den Fall gänzlichen Futtermangels oder solcher Perioden, in welchen nach einer langen Dürre in Folge der endlich eingetretenen starken Regengüsse die Pflanzen sehr üppig aufschießen und bei den Thieren heftige Diarrhoen verursachen, für einen Vorrath trockenen Futters Sorge tragen. Hiedurch würden allerdings nicht unerhebliche Unkosten entstehen, welche jedoch, wenn man mit den genannten Maaßregeln empfindlichen Verlüsten im Viehstapel vorbeugen kann, sich in Wirklichkeit als eine nicht unerhebliche Ersparniß erweisen dürften. Namentlich bei Schafen würde das Verhüten von Diarrhoen in den Perioden, in welchen dieser Uebelstand regelmäßig eintritt, bei üppig aufgeschossenem oder auch von häufigen Nachtfrösten stark mitgenommenen Weidefutter, durch eine nur kleine Gabe von trockenem Futter, den Thieren des Morgens früh gereicht, ehe dieselben in den Kamp gelassen werden, sehr leicht zu bewerkstelligen und von großem Nutzen sein. Es ist ja bekannt, daß gerade das Schaf zu seinem Wohlbefinden kurzes und dürres Futter durchaus nöthig hat. Sind die

Thiere erst einmal mager und gründlich entkräftet, so bedarf es später eines langen Zeitraumes auf guter Weide, damit dieselben sich wieder erholen. Durch das anhaltende Purgiren wird selbstverständlich die Wollbildung beeinträchtigt und die jungen Thiere bleiben in ihrer Entwickelung zurück. Von stets gutgenährten Thieren wird man, wenn man unter je 100 Thieren al corte etwa 50 Mutterthiere annimmt, als eine durchschnittliche Bruttovermehrung sicher 30 % rechnen können anstatt der von mir angesetzten 25 %, und ferner wird es nicht unwahrscheinlich sein, von ausgewachsenen gleichmäßig und gut genährten Mestizoschafen mittelguter Qualität 6 bis 7 Pfd. Wolle zu scheeren anstatt 5¼ Pfd. Scheert man ungefähr 1 Pfd. mehr als ich in meiner Berechnung angenommen habe, so löst man aus der Wolle allein schon einen Mehrertrag von etwa 5000 Pesos, welche Summe die Ausgaben, die durch Gewinnung und Verfütterung von trockenem Luzerneheu jährlich verursacht werden, bereits decken würde. Nur die ersten Ausgaben, um jedem Puestero ein eingefriedigtes Luzernefeld von etwa 6 bis 7 □Cuadras zu geben, würden von Belang sein. Die Anlage eines solchen mit einer Einfriedigung versehenen Luzernefeldes wird etwa 50 bis 60 Pesos per □Cuadra kosten. Man könnte ja versuchsweise auf einigen Puestos beginnen und nach und nach die übrigen Puestos mit solchen Luzernefeldern versehen. Jedenfalls werden die Estanzias, welche an die für die europäischen Fleischmärkte arbeitenden Eisfactoreien (siehe Seiten 19 bis 24) auch in den ungünstigen Jahresperioden, im Winter und Frühjahre, gutgenährte Thiere liefern wollen, seien es Schafe oder Rinder, ausgedehnte Luzernefelder anlegen müssen. Sind die Thiere das ganze Jahr hindurch gutgenährt, so wird die im Mittel mit 6 % angenommene Sterblichkeit sich auch wahrscheinlich verringern, da die Thiere dann gegen die verderblichen Witterungseinflüsse viel widerstandsfähiger sind.

Die großen Heerden gegen kalte Winde, kalte Regen und etwaige Schneegestöber einerseits und gegen die Mittagssonne im Sommer anderseits durch Unterbringen in großen Schuppen zu schützen, welches Mittel ja als das einfachste erscheint, wird sehr schwer auszuführen sein. Erstens sind derartige umfangreiche Bauten in jenen Ländern, wo es an Bauholz total mangelt, sehr kostspielig, und zweitens fehlt es an Stroh oder auch nur Sand, um den Thieren ein reinliches Lager zu geben. Es würde sich in Folge des lehmigen und undurchlässigen Bodens bei längerem Verweilen der Thiere in solchen geschlossenen Schuppen ein ungeheurer Schmutz bilden, welcher auf das Aussehen und die Qualität der Wolle natürlich einen sehr nachtheiligen Einfluß ausüben würde.

Ist es also vor der Hand sehr schwer, die Thiere gegen Kälte und Regen direct zu schützen, so läßt sich ein Schutz gegen die sengende Mittagssonne im Hochsommer schon leichter herstellen und zwar durch das Anpflanzen von Schattenbäumen auf einer Stelle des Kampes, welche möglichst erhaben und trocken gelegen ist. Der zu diesem Zwecke passendste Baum ist der Ombú, welcher eine breite Krone hat, schönen dichten Schatten wirft, aber sonst freilich nicht den geringsten Nutzen gewährt, denn sein lockeres schwammiges Holz taugt nicht einmal als Brennholz. Man müßte die passende Stelle des Kampes einfriedigen und je nach der Größe der Heerde mit einer geringeren oder größeren Anzahl Bäume bepflanzen, deren Heranwachsen bis zur Gewährung eines ausreichenden Schattens freilich eine Reihe von Jahren dauern dürfte.

Sollten in späteren Zeiten die Estanzias im pasto tierno Schafzucht und Ackerbau mit einander verbinden, so wird die Zahl der Schafe per □Legua wahrscheinlich bedeutend eingeschränkt, ihre Klasse und Werth aber erhöht werden. Man wird dann, wenn man über Streumaterial verfügt und den gewonnenen Dung wieder verwerthen kann, möglicherweise das Unterbringen der Thiere in leichten Schuppen zum Schutze gegen Ungunst der Witterung als vortheilhaft und anwendbar erachten.

Bauten
im Kamp, Baumpflanzungen und Einfriedigungen.

Die einfachste menschliche Wohnung im Kamp ist der sogenannte rancho, ein Häuschen mit Strohdach, dessen Wände entweder aus Pfählen und Lattenwerk mit einer Lehmverkleidung, pared de barro, oder aus ungebrannten Ziegeln, auch nur Rasenstücken, adobes, oder im günstigen Falle aus gebrannten Ziegeln, ladrillos, bestehen; im letzteren Falle heißt er dann rancho de material. Ein Rancho mit Lehmwand kostet je nach seiner Größe, ob aus einem, zwei oder drei Räumen bestehend, etwa 30 bis 50 Pesos; ein rancho de material in denselben Größenverhältnissen kostet das doppelte bis vierfache. Derartige Ranchos sind, wenn man die Unebenheiten und Risse der Wandflächen mit einem Gemenge von Lehm und Pferdedung, reboque, gut verschmiert und vielleicht noch die Wände innen und außen mit Kalk übertüncht, eine, wenn auch etwas primitive, so doch für jenes Klima genügende und s e h r g e s u n d e Wohnung, kühl im Sommer und warm im Winter. Der Fußboden eines solchen Rancho besteht gewöhnlich nur aus gestampfter Erde. Lehmwände und Strohdach dauern ungefähr 6 bis 7 Jahre. Das zu diesen Wänden und Dächern verwandte Holz und Sparrenwerk ist einheimisches Holz und Rohr, letzteres cana de tacuará genannt, welches in dem subtropischen Oberen La Plategebiete wächst und dem Bambusrohr ähnlich ist. Solidere Dächer sind die von Wellblech und Dachziegeln, jedoch sind solche weniger für menschliche Wohnungen, sondern mehr für Schuppen, Waarenhäuser, Kornspeicher u. s. w. gebräuchlich, da die mit ihnen gedeckten Räume im Sommer sehr heiß, im Winter dagegen sehr kalt sind. Die Dachziegeln werden entweder aus Frankreich importirt oder dort im Lande gemacht. Die ersteren sind bedeutend besser aber auch theurer als die letzteren, ihr Preis am Hafenplatze variirt zwischen 40 bis 60 Pesos das Tausend, die letzteren sind etwa um die Hälfte billiger. Die zu Balken und Sparren dienenden Hölzer bezieht man aus Nordamerika, sie kosten je nach Klasse 5 bis 8 cents eines Peso nacional Gold per Fuß engl. Die solideste aber auch theuerste Construction eines Wohnhauses ist die der casa de azotea, eines Hauses mit Wänden aus gebrannten Ziegeln und plattem ebenfalls aus Ziegeln construirten Dache. Ein solches Dach ist natürlich ziemlich schwer und man braucht zu demselben viele und starke Balken. Diese Balken, tirantes, in einer Stärke von 3 bei 9 Zoll legt man in Entfernungen von 12 bis 15 Zoll und quer über dieselben die Sparren, alfajias, welche den Ziegeln als Unterlage dienen. Diesen Ziegeln giebt man entweder einen Cementüberzug oder man legt noch eine Lage kleiner hartgebrannter Fliesen, baldozas, obenauf. Zu Fußböden nimmt man entweder Holz oder die ebengenannten Fliesen oder auch nur Ziegelsteine. Einstöckige Häuser von dieser Construction kosten, wenn man die Mauern nur einen Stein dick und in Lehm gemauert macht, für jedes Zimmer mit gewöhnlichen Dimensionen von etwa 5 bis 6 m im Geviert 300 bis 400 Pesos. Die gewöhnlich gebrauchten Ziegelsteine haben eine Länge von 14, eine Breite von 7 und eine Dicke von 2 Zoll span. Die guten hartgebrannten Ziegel, ladrillos colorados, kosten im Kamp an Ort und Stelle geformt und gebrannt 5 bis 6 Pesos das Tausend. Man gebraucht zu einem □m Wandfläche von einem Stein Dicke etwa 90 bis 100 solcher Ziegelsteine. Als Mörtel nimmt man, da Kalk und Sand gewöhnlich aus weiter Ferne herbeigeschafft werden müssen und daher im Kampe sehr theuer sind, nur den gewöhnlichen Pampalehm und zwar die obere schwarze Humuserde, welche nicht so zähe und so schwer zu verarbeiten ist wie der weiter unten liegende braune fette Lehm. Zum äußeren Verputz der Mauern sowie zur Anlage von gewölbten Kellern verwendet man allerdings Kalk und Sand. Luxusbauten sind im Kamp nicht angebracht, weil man bei einem etwaigen Verkauf den Kostenpreis derselben schwerlich ersetzt erhält. Man pflegt die Front des Hauses mit der Thür und den hauptsächlichsten Fenstern nach Norden zu richten, weil erstens im Winter die schrägen Sonnenstrahlen in die Räume fallen, dieselben erwärmen und trocken erhalten, und zweitens, weil man bei einer solchen Bauart auch von den kalten Winden, den pamperos, und den kalten Regen, temporales, die ersten aus Südwesten, die zweiten aus Südosten kommend, am wenigsten zu leiden hat.

Jeder Estanziero trachtet danach, eine Baumpflanzung, monte, anzulegen, um genügende Quantitäten Brennholz zu haben, an welchem im grasreichen Unteren La Platagebiete wegen des nur an einigen wenigen Stellen vorhandenen natürlichen Baumwuchses ein sehr empfindlicher Mangel herrscht. Kleine Leute, welche bei ihrem rancho keine Baumpflanzungen haben, benutzen als Brennmaterial die trockenen Stengel von den schon früher erwähnten cardo asnal, bisnaga und ähnlichen Pflanzen, oder gebrauchen zu diesem Zwecke auch nur trockenen Kuhdünger. Man formt auch in den Schafhürden den mit der Zeit sich ziemlich hoch ansammelnden Dung ähnlich wie beim Torfstechen in vierkantige Stücke, welche an der Sonne getrocknet werden und ein gutes Brennmaterial liefern.

Das Aufziehen der jungen Bäumchen ist mitunter nicht ohne Schwierigkeiten, da Dürren, Ameisen, Heuschrecken, Fröste ꝛc. nicht selten das Anwachsen und Gedeihen derselben beeinträchtigen. Der am meisten angepflanzte Baum ist der Pfirsichbaum, durazno, welcher ziemlich schnell wächst und den Vortheil gewährt, außer einem sehr guten Brennholze noch Früchte zu liefern. Ferner pflegt man anzupflanzen Weiden, sauces, Pappeln, alamos, und Akazien, welche sämmtlich ziemlich schnell wachsen. Ein bedeutend langsamer wachsender Baum ist der Paradiesbaum, paraiso, welcher aber wieder den Vortheil hat, nicht von Heuschrecken angegriffen zu werden. Einzelne Ansiedler pflanzen auch, um schnell Brennmaterial zu haben, die Ricinusstaude, dort tártago genannt, an. Dieselbe wächst in einem Sommer schon zu einer beträchtlichen Höhe, erfriert jedoch bei einem scharfen Nachtfroste. Von dem australischen eucalyptus globulus sind in den letzten zwei Decennien großartige Anpflanzungen gemacht worden, jedoch hat man mit solchen nur in der Nähe des La Platabeckens und seiner großen Zuflüsse namhafte Erfolge erzielt. Dieser Baum wächst ganz außerordentlich rasch, erfriert jedoch in den ersten 3 Jahren seines Wachsthums, in welchen er hellfarbige und dicht am Zweige sitzende Blätter hat, bei einer Temperatur von 3 ^{0} C. unter Null; auch wird er in diesen ersten 3 Jahren von Heuschrecken zerstört. Sobald der junge Baum Form und Farbe der Blätter geändert hat, sind Fröste und Heuschrecken ihm nicht mehr nachtheilig. Weiter nach Westen zu, wo der Einfluß der großen Wasserflächen schwindet und die Fröste stärker und anhaltender sind, hält es sehr schwer, diese Bäume aufzuziehen. Die Stämme von älteren Bäumen sollen in Australien, ihrem Heimathslande, zu Pfählen bei Einfriedigungen benutzt werden und die Eigenschaft haben, sich in der Erde gut zu conserviren und der Fäulniß zu widerstehen. Bretter kann man aus den Stämmen jedoch nicht sägen, weil dieselben, wenn sie auch schlank und gerade aufschießen, nach Art eines schwach gedrehten Taues gewachsen sind. Wenn man also einen Stamm der Länge nach zersägt, so werden die einzelnen spiralförmig gewundenen Holzfasern fortwährend durchschnitten. Alle die von mir genannten Bäume mit Ausnahme des zuletzt erwähnten Eukalyptus wachsen, wenn man sie eben über dem Erdboden abgeschlagen hat, aus der Wurzel wieder nach. Man pflegt deßhalb auf den Estanzias die kleinen Wäldchen in verschiedene Schläge einzutheilen und in gewissen Zeitabschnitten, etwa alle 6 bis 8 Jahre abzuholzen. Die Baumreihen setzt man in Abständen von 3 bis 4 Meter und es ist empfehlenswerth, hin und wieder zwischen den Baumreihen das Land flach umzupflügen, um das lehmige Erdreich zu lockern und demselben den Zutritt der Luft und des Regens zu erleichtern.

Früher als man die Einfriedigungen noch außer der Herstellung eines Drahtzaunes aus Wall und Graben construirte, benutzte man als Heckenpflanze vielfach die cina-cina, eine feinblätterige mit Stacheln versehene Pflanze, welche Hecken jedoch von Heuschrecken mitunter arg mitgenommen wurden. Eine sehr wirksame Heckenpflanze ist der mit einer Unmasse von klauenförmigen Dornen behaftete garrabato, auch zwei Arten von Cactuspflanzen werden zu Einfriedigungen benutzt. An der Süd- und Westseite der Schafhürden, also den Seiten, welche den kalten Winden ausgesetzt sind, pflegen einige Estanzieros immergrüne Sträucher anzupflanzen, um den des Nachts in den Hürden eingeschlossenen Schafen etwas Schutz zu gewähren. Man wählt zu diesem Zwecke häufig den Hollunderstrauch, sauco.

Einfriedigungen waren in früheren Zeiten, bis ungefähr zum Beginn der siebenziger Jahre, sehr kostspielig und erfüllten ihren

Hauptzweck, das Vieh an dem Betreten der eingefriedigten Ländereien zu hindern, nur unvollkommen. Man legte dieselben nur in geringem Maaßstabe an, um die Baumpflanzungen, die Mais- und Luzernefelder der Gehöfte vor der Zerstörung durch Vieh zu schützen. Zu diesem Zwecke machte man Zäune aus Pfählen und Eisendraht und zwar setzte man die Pfähle ziemlich nahe an einander in einem Abstande von 2 bis 4 Meter, zog an diesen entlang drei, höchstens vier Drähte, welche mit Krampen an den Pfählen befestigt wurden. An der Außenseite dieses Zaunes zog man dann einen Graben von anfänglich etwa 65 ctm Breite und 50 bis 60 ctm Tiefe. Die Ränder dieser Gräben bröckelten jedoch bald ab, die Gräben selbst schlammten nach heftigen Regengüssen zu, das Vieh stieg in dieselben hinab, kroch unter den Pfählen hindurch, die Krampen flogen aus den Pfählen heraus und der Zaun war zerstört. Die Gräben mußten häufig nachgearbeitet, vertieft und verbreitet werden, die wenig elastischen Eisendrähte wurden durch die Hitze stark ausgedehnt und in Folge dessen bald locker und schlaff, so daß ein solcher Zaun stets kostspieliger Reparaturen bedurfte. Zu Pfählen benutzte man in der Regel solche von yandubey, eines im nördlichen Entre Rios und im Chaco wachsenden Baumes, dessen Kernholz in der Erde nicht fault und daher ein vorzügliches Material für diesen Zweck liefert. Diese Pfähle sind jedoch nicht billig und besonders in den letzten Jahren ist in Folge der starken Nachfrage der Preis derselben sehr gestiegen, weil man alle Bäume dieser Gattung in der Nähe des Flusses Paraná schon weggeschlagen hat und jetzt gezwungen ist, weiter im Inlande zu schlagen und höhere Transportkosten zu bezahlen. Man unterscheidet vier Hauptklassen. Die größten und stärksten heißen postes enteros, ganze Pfähle, darauf folgen medios postes reforzados, dann medios postes, halbe Pfähle und schließlich estacones, dünne Pfähle. Die letzteren gebraucht man gewöhnlich nur zu Schafhürden. Hin und wieder nahm man auch andere Pfähle, von paraisos, duraznos ꝛc.

In neuerer Zeit, in welcher das System der Einfriedigungen der Estanzias ganz allgemein geworden ist, macht man diese Zäune auf eine andere Art. Man benutzt gewöhnlich nur postes enteros von yandubey, setzt dieselben in verschiedenen Entfernungen, bei äußeren Zäunen 8 bis 15 m und bei inneren Zäunen 20 bis 40 m von einander entfernt, ca. 80 bis 100 ctm tief in die Erde, und zieht dann bei ausschließlich für Rindvieh berechneten Zäunen 5 und bei für Rindvieh und Schafen berechneten gewöhnlich 7 oder wo das

Land hügelig ist wie z. B. in Uruguay, auch 8 Drähte. Eisendrähte, welche dick und schwer aber wenig elastisch sind und deßhalb durch die Einwirkung der Sonnenstrahlen leicht schlaff werden, verwendet man neuerdings wenig mehr, sondern Stahldrähte, welche von französischen Fabriken (Schneider in Creuzot) und in neuerer Zeit auch deutschen (Felten & Guillaume in Mühlheim a/R.) in vorzüglichen Qualitäten geliefert werden. Diese Drähte werden jedoch nicht mit den unpraktischen Krampen an die Pfähle befestigt, sondern die Pfähle werden durchbohrt und die Drähte werden durch die Bohrlöcher gezogen. Vermittelst eines kleinen eisernen Sperrwerks, eines sogenannten torniquete, welches mit einem kleinen Schlüssel gedreht werden kann, werden die Drähte stets straff gespannt erhalten. Bei Anwendung von Eisendrähten setzt man die torniquetes in Entfernungen von etwa 100 m, bei Stahldrähten von etwa 200 bis 250 m. Zwischen den einzelnen ziemlich weit von einander entfernten Pfählen werden in Abständen von etwa 1½ bis 4 m die Drähte vermittelst leichter Holz- oder Eisenstäbe oder mehrfach gewundener Drähte, varillas, wieder mit einander verbunden, um sie stets in gleichem Abstande zu halten und um zu verhindern, daß die Thiere die Drähte auseinanderbiegen und unter oder zwischen denselben hindurchkriechen. Der kostspielige und unpraktische Graben fällt ganz weg. Diese Art von Fenze hat sich als sehr praktisch bewährt und es giebt jetzt wenige rationell geleitete Estanzias, welche nicht auf solche Art und Weise in den letzten Jahren eingefriedigt worden sind. Um die Fenze bei Campbränden gegen Zerstörung durch Feuer zu schützen, empfiehlt es sich, im pasto fuerte zu beiden Seiten des Fenzes einen schmalen Streifen Land umzupflügen, um das Feuer nicht unmittelbar an den Fenz herankommen zu lassen; im pasto tierno muß man die hohen trockenen Disteln u. s. w. in der Nähe des Zaunes entfernen.

Die Herstellungskosten derartiger Zäune sind selbstverständlich je nach der Klasse des zu ihnen verwandten Materials, der Anzahl der Pfähle und Drähte, der größeren oder geringeren für solche zu zahlenden Fracht, der Höhe des zu zahlenden Arbeitslohnes u. s. w. ziemlich verschieden.

Im Allgemeinen sind die Herstellungskosten der Zäune in letzter Zeit, obgleich die Preise für Pfähle ununterbrochen gestiegen sind, niedriger geworden und zwar, weil die Preise des Drahtes sehr zurückgegangen sind. Im Nachstehenden gebe ich den Kostenpreis von zwei Zäunen, wie sich solcher bei augenblicklichen Drahtpreisen für die laufende Legua etwa stellt.

Zaun aus postes enteros von yandubey in Entfernungen von 12½ m gesetzt, mit 7 Stahldrähten, den obersten von Nummer 7 und die anderen von Nummer 8, torniquetes in Entfernungen von 200 m, zwischen den Pfählen in einem Abstande von je 2 m fünf varillas, und zwar drei aus gedrehtem Draht und zwei aus Holz eine um die andere gesetzt.

418 postes à 1 peso	pesos	418.—
portada (Thür für Vieh und Wagen)	„	28.50
12 Centner à 45 kg Stahldraht № 7 für den obersten Draht des Zaunes à pes. 3 per Centner	„	36.—
10 Centner von demselben Draht für die Varillas à pes. 3	„	30.—
68 Centner Stahldraht № 8 für die unteren 6 Drähte à pes. 3	„	204.—
850 Varillas von Holz à 16 pes. p. %	„	136.—
190 torniquetes à 25 pes. p. %	„	47.50
Arbeitslohn 100 Tage à 1 peso inclusive Beköstigung	„	100.—
per laufende Legua von 5196 m	pesos	1000.—
per laufenden Kilometer	pesos	192.50

Zaun aus postes enteros von yandubey in Entfernungen von 25 m gesetzt, mit 7 Stahldrähten, den obersten von № 7 und die anderen № 8, torniquetes in Entfernungen von 200 m, zwischen den Pfählen in einem Abstande von je 2 m elf varillas, und zwar 6 aus gedrehtem Draht und 5 aus Holz, eine um die andere gesetzt.

209 postes à 1 pes.	pesos	209.—
portada	„	25.50
22 Centner Stahldraht № 7 à 3 pes.	„	66.—
68 Centner Stahldraht № 8 à 3 pes.	„	204.—
1100 Varillas von Holz à pes 16 p. %	„	176.—
190 torniquetes à pes. 25 p. %	„	47.50
Transport	pesos	728.—

Transport	pesos 728.—
Arbeitslohn 72 Tage à 1 pes.	„ 72.—
per laufende Legua	pesos 800.—
per laufenden Kilometer	pesos 155.—

Will man die Pfähle in geringeren oder größeren Entfernungen setzen oder in der Anzahl und Klasse der Drähte rc. Veränderungen machen, so wird man nach dem Muster der obigen Angaben leicht den Kostenpreis des betreffenden Zaunes ermitteln können. In der Nähe eines Hafenplatzes werden die Herstellungskosten eines Zaunes geringer sein als von mir ausgerechnet, weil Pfähle und Draht dort der unbedeutenden Karrenfracht wegen noch billiger einstehen als ich angenommen habe.

Schlußwort.

Mit vorstehenden Schilderungen, Werthangaben und Berechnungen glaube ich die mir gestellte Aufgabe, möglichst klare und zuverlässige Aufschlüsse und Anhaltspunkte hinsichtlich der hauptsächlichsten Arten des landwirthschaftlichen Betriebes im Unteren La Platagebiete, dessen durchschnittlichen Erträge und dessen in Zukunft mögliche und wahrscheinliche Entwickelung zu geben, gelöst zu haben. Es wird jedoch gewiß kein vernünftiger Mensch verlangen, daß meine Beschreibungen und meine Entwürfe zu Estanzias und bäuerlichen Ansiedelungen im Falle einer Ausführung nun unter allen Umständen ganz genau den Verlauf nehmen und das Resultat ergeben sollen, wie solche von mir geschildert und berechnet worden sind. Der Großbetrieb einer Estanzia und die mit solcher verbundenen und auf solche sich stützenden kleineren bäuerlichen Betriebe sind eben, wie ich hier nochmals ausdrücklich betone, Geschäfte wie alle Geschäfte und als solche mancherlei Eventualitäten ausgesetzt, deren Character und Wirkungen sich unmöglich mit absoluter Bestimmtheit im Voraus angeben und berechnen lassen. In gewissen Jahren, wenn die Vermehrung der Thiere eine bedeutende, die Sterblichkeit unter ihnen eine geringe und das Quantum und der Werth der gewonnenen Producte gesteigerte sind, kann der Nutzen ein großer sein; in anderen Jahren dagegen ist der Nutzen ein geringer oder man arbeitet möglicherweise mit einem Verluste, weil die Vermehrung der Thiere eine geringere, die Sterblichkeit eine ungewöhnlich große und sowohl das Quantum als auch der Werth der Producte gesunken sind. Wie überall auf der Welt beim landwirtschaftlichen Betriebe, so müssen die Extraüberschüsse der außerordentlich günstigen Jahre die Verlüste der außerordentlich ungünstigen Jahre ausgleichen und tragen helfen. Wer befürchtet, daß alle nur irgend erdenklichen Uebel, Plagen und

Mißgeschicke, Krieg, Epidemien, Heuschrecken, Dürren, Ueberschwemmungen, Orkane, Erdbeben u. s. w. eines nach dem anderen oder gar gleichzeitig eine Estanzia heimsuchen und herbe Verlüste verursachen könnten, der darf allerdings kein Geld im Estanziageschäfte anlegen; der thut jedenfalls richtiger, sich für sein Geld preußische Consols zu kaufen. Für solche ängstliche Leute ist dieses Buch auch nicht geschrieben, sondern für die gewiß nicht geringe Anzahl derjenigen unternehmungslustigen deutschen Kapitalisten, welche, wie es namentlich von Engländern und Niederländern geschieht, gerne einen kleinen Theil ihrer Kapitalien dazu verwenden möchten, um mehr als europäische Zinsen zu verdienen und gleichzeitig zur Hebung des vaterländischen Handels und Exportes beizutragen. Der anfänglich mehr oder weniger extensive und allmählig intensiver werdende aber von Anfang an rentabele Betrieb von Estanzias am La Plata bietet gewiß zur Erreichung der genannten Zwecke eine Gelegenheit, welche nicht übersehen werden sollte. Es ist im Interesse des deutschen Exportes und der deutschen Industrie zu beklagen, daß deutsches Kapital nicht schon früher angefangen hat, sich in größerem Umfange am Estanziageschäfte zu betheiligen, wie solches von anderer, namentlich englischer Seite seit vielen Jahren und in großartigstem Maaßstabe geschieht. Deutsche Schäfer, deutsche Viehzüchter, deutsche Ansiedler und deutsche Gewerbetreibende würden sich im Laufe der Jahre zu Tausenden auf deutschen Estanzias niedergelassen und ansässig gemacht haben; der Export von deutschem Zuchtvieh, deutschen Ackergeräthen, landwirthschaftlichen Maschinen u. s. w. würde großartige Verhältnisse angenommen haben. Es ist gewiß nicht zu leugnen, daß Englands Exporthandel nach dem La Plata bei weitem nicht den ungeheuren Umfang angenommen hätte — derselbe verhält sich zu dem deutschen wie 9 zu 2 —, wäre nicht eben englisches Kapital dort im Lande in gewaltigen sich auf Hunderte von Millionen Mark belaufenden Summen und in den verschiedensten Unternehmungen, außer einer großen Anzahl von kaufmännischen Geschäften in Hunderten und Hunderten von Estanzias, in Eisenbahnen, Banken, Flußdampfschifffahrt, Hafenanlagen ꝛc. angelegt. Wenn nur ein geringer Bruchtheil der gewiß ganz bedeutenden deutschen Kapitalien, welche in fremden Werthpapieren angelegt sind, durchschnittlich nur 4½ bis 6 % Zinsen geben und die betreffenden fast durchweg entschieden deutschfeindlichen Nationen in den Stand setzen, in erhöhtem Maaße die deutschen Interessen zu schädigen, zum Ankauf und Betrieb von Estanzias am La Plata verwandt wäre, so hätten drei Vortheile zugleich erreicht werden können. Erstens würde das betreffende Kapital ungefähr die doppelten Zinsen wie bisher verdient haben, zweitens würden Tausende von auswandernden Landsleuten eine gesunde und lohnende Beschäftigung gefunden haben, und drittens hätte sich der deutschen Industrie ein ganz hervorragendes Absatzgebiet am La Plata eröffnet.

Es ist freilich nicht gleichgültig, unter welchen Umständen und in welchen Perioden Kapital im Estanziageschäfte angelegt wird. In solchen Zeiten, in welchen am La Plata in Folge von Anleihen Ueberfluß an Geld herrscht und der Zinsfuß sinkt, oder in welchen die Producte einen Preis erzielen, welcher ihren Durchschnittswerth erheblich übersteigt, werden Ländereien und Vieh ungebührlich hoch im Preise sein; man wird dann ein zu beginnendes Unternehmen mit einem verhältnißmäßig hohen Kapitale belasten und in Folge dessen nur eine geringe Verzinsung des Kapitales erwarten können. In diesem unangenehmen Falle befinden sich sämmtliche Eigenthümer der in den jüngstverflossenen Jahren neu angelegten und erworbenen Estanzias, welche in unbegreiflich leichtsinniger Weise bis dahin unerhörte Preise für Ländereien und Vieh gezahlt haben. In solchen Zeiten dagegen, in welchen der Werth der Producte sich unter dem durchschnittlichen Stande befindet und in welchen das Geld knapp ist, werden Ländereien und Vieh billig sein. Solche Perioden sind günstig für den Ankauf von Land und Vieh, denn in solchen belastet man das zu beginnende Unternehmen mit einem möglichst geringen Kapitale, und hat begründete Aussicht auf eine durchschnittlich gute Verzinsung desselben. Es ist gewiß nicht einerlei, ob man eine Estanzia, welche z. B. einen durchschnittlichen Reingewinn von 10,000 Pesos per Jahr abwirft, mit einem Kapital von 100,000 oder 150,000 oder gar 200,000 oder mit nur 80,000 Pesos belastet. Im ersteren Falle verzinst sich das Kapital mit 10 %, im zweiten mit 6⅔ %, im dritten nur mit 5 %, im vierten Falle aber mit 12½ %. Um nur 5 oder auch 6⅔ % mit seinem Kapitale zu verdienen, wird man nicht nöthig haben, sich nach Südamerika zu wenden, ebensowenig wie man um eines so bescheidenen Gewinnes wegen Kapitalien in West- und Ostafrika oder in Neuguinea rc. anlegen wird. Und doch sind in den letzten Jahren ungezählte Millionen europäischen Kapitales am La Plata in Ländereien und Vieh angelegt worden, von welchen wohl nur ein geringer Theil so glücklich sein wird, eine Verzinsung von durchschnittlich 6⅔ % erzielen zu können und zwar wegen der unsinnig hohen Preise, welche man sowohl für Land als auch für Vieh gezahlt hat.

Um deutsche Kapitalien vor einem ähnlichen Geschick zu bewahren, dürften zum Schlusse dieser meiner Arbeit einige kurzgefaßte und allgemein gehaltene aber leicht verständliche Betrachtungen und Berechnungen über das Verhältniß der Werthe von Producten, Vieh und Land nicht ganz überflüssig und etwaigen Interessenten willkommen sein.

Man kann folgende Sätze und Annahmen als diejenigen bezeichnen, welche im Großen und Ganzen bis zum Beginne der jüngsten großen Gründerperiode für das Estanziageschäft maaßgebend gewesen sind und nach dem Zusammenbruche des Schwindels höchstwahrscheinlich noch für eine Reihe von Jahren maaßgebend sein werden.

Man rechnete als Werth des einheimischen unveredelten Rindviehes al corte per Kopf etwa 50 % von dem Preise, welchen die Saladeros im Sommer für 2½jährige Schlachtochsen anlegen konnten. Konnten die Saladeros 12 Pesos bezahlen, so war der Werth des Viehes al corte 6 Pesos, konnten sie nur 10 oder 9 oder 8 Pesos bezahlen, so war der Preis al corte auch nur 5 oder 4½ oder auch nur 4 Pesos. Der Preis von 6 Pesos für einheimisches Rindvieh al corte galt stets als ein hoher und ist selten überschritten worden, (siehe Seiten 15 bis 18). Veredeltes Vieh hat natürlich einen höheren Werth als unveredeltes, besonders wenn Fleisch und Talg gut im Preise sind; in höherem Grade veredeltes z. B. aus dritten und vierten Kreuzungen hervorgegangenes Vieh wird zu Zuchtzwecken wieder verwandt und gut bezahlt. Für den Werth der Schafe ist in erster Linie das Quantum und der Werth der von denselben erhältlichen Wolle, des wichtigsten Productes, entscheidend; selbstverständlich nimmt der Werth eines Schafes in dem Maaße zu, in welchem die Wolle auf seinem Rücken wächst. Kurz vor der Schur hat ein Schaf den höchsten und kurz nach der Schur den geringsten Werth. Eine Heerde Schafe repräsentirt kurz vor der Schur, wenn also die in einem Jahre gewachsene Wolle noch auf den Thieren sitzt, etwa den dreifachen Werth, und kurz nach der Schur etwa den doppelten Werth der von ihr zu scheerenden oder geschorenen Wolle. So ist z. B. eine Heerde Schafe von 2000 Stück, welche nur 3 Pfund ungewaschene Wolle per Kopf, also im Ganzen 6000 Pfund oder 240 arrobas liefert, vor der Schur etwa 1200 Pesos oder per Kopf al corte etwa 60 cents, und nach der Schur etwa 800 Pesos oder per Kopf al corte ungefähr 40 cents werth, im Falle die Wolle nur einen Werth von Pesos 1,60 per arr. hat. Solche niedrige Preise hat man im Jahre 1869 gekannt. Eine Heerde Schafe von 2000 Stück, welche dagegen 4½ Pfund Wolle per Kopf, also im Ganzen 9000 Pfund oder 360 arr. zum Werthe von 3 Pesos per arr. liefert, wird kurz vor der Schur einen Werth von etwa 3300 Pesos oder von ca. Pesos 1,65 per Kopf al corte, und kurz nach der Schur einen Werth von ca. 2200 Pesos oder von etwa Pesos 1,10 per Kopf al corte haben.

Diese Sätze können begreiflicherweise nur annähernd richtig sein, denn die Preise des Talges und des Fleisches, der Zustand der Weiden und der Thiere selbst, der flüssigere oder knappere Geldstand u. s. w. üben einen nicht unwesentlichen Einfluß auf den Preis der Thiere aus.

Bis zur Epoche des letzten großen Landschwindels wurde der Werth eines Grundstücks bestimmt durch den Werth der Producte, welche das betreffende Grundstück zu liefern im Stande war. Bei solchen Kampen, welche in Folge ihrer nicht besonders günstigen Verkehrslage nicht zu einem intensiveren Betriebe, sondern nur zur Viehzucht benutzt werden konnten, richtete sich ihr Werth nach der Anzahl, der Klasse und dem Werthe desjenigen Viehes, welches sich auf dem betreffenden Kampe ernähren konnte. So hatte ein Kamp mit pasto fuerte, welcher sich nicht als Ackerland oder Kleefeld, sondern nur als Viehweide verwerthen ließ, ungefähr den halben bis gleichen Werth, welchen das auf ihm weidende Rindvieh repräsentirte. Konnte eine □Legua Land mit pasto fuerte z. B. 1500 Stück Rindvieh al corte tragen und war dieses Vieh 4 Pesos al corte werth, so hatte der fragliche Kamp je nach Lage und je nach Güte seiner Gräser, je nach der größeren oder geringeren Sicherheit für Leben und Eigenthum einen Werth von ungefähr 3000 bis 6000 Pesos; konnte er nur 1000 oder gar nur 500 Stück Rindvieh à 4 Pesos tragen, so war sein Werth nur 2000 bis 4000, resp. 1000 bis 2000 Pesos. War der Preis des Viehes al corte 5 Pesos, so waren die betreffenden Kampe auch 25 % mehr werth. War das Land geeignet wie z. B. an den Ufern des Unteren Urugnay, 3000 Stück Hornvieh und darüber zu tragen und war der Preis des Viehes 6 Pesos al corte, so war ein solcher Kamp dann auch 18000 Pesos und darüber per □Legua werth. Für die Feststellung dieser sämmtlichen auch folgenden

Werthe war der Gedanke und die Absicht maaßgebend, daß das in der betreffenden Estanzia angelegte Kapital sich durchschnittlich mit mindestens 10 bis 12 % verzinsen sollte.

Diejenigen Kampe, welche zu einem Theile oder in ihrer ganzen Ausdehnung mit Schafen besetzt werden können, repräsentiren, wie oft erwähnt und bewiesen, einen bedeutend höheren Werth. In einem solchen Falle ist der Kamp etwa 2½ Mal so viel werth als die auf ihm weidenden Schafe, deren Werth nach der Schur angenommen; daher der hohe Werth der Kampe mit pasto tierno. Eine □Legua Kamp, welcher z. B. 2000 Stück Hornvieh und 8000 Schafe ernähren kann, war etwa 26,000 Pesos werth, wenn man den Werth des Hornviehes zu 4 Pesos und den der Schafe zu 90 cents per Kopf al corte veranschlagt. Ein Kamp, welcher per □Legua 15000 Schafe à 90 cents und 1000 Stück Hornvieh à 4 Pesos tragen konnte, war danach ungefähr 38,000 Pesos per □Legua werth. Ferner war ein Kamp im Westen der Stadt Buenos Aires, welcher im Stande ist, per □Legua außer einigen Hundert Stück veredelten Rindviehes 30,000 Stück feine Merinoschafe zum Werthe von etwa Pesos 1,40 bis 1,50 per Kopf zu ernähren, auch 100 bis 120,000 Pesos per □Legua werth.

Für Ländereien, welche in den letzten Jahren zur Kultur von Leinsaat verwandt worden sind, z. B. die Uferstrecken am unteren Laufe des Paraná in der Provinz Buenos Aires sowie die Seitenstrecken der Bahnen, sind hohe Miethen gezahlt worden, welche wenn kapitalisirt jenen Grundstücken einen hohen Werth geben.

Eine nicht nur vorübergehende schwindelhafte, sondern dauernde Steigerung im Werthe der Ländereien wird am La Plata unfehlbar dann eintreten, wenn entweder durch intensiveren Betrieb die Production der Grundstücke sowohl der Quantität als auch der Qualität nach gesteigert wird, oder wenn der im Lande übliche Zinsfuß bedeutend sinken sollte. Daß das erstere geschehen kann, nnd daß die Aussicht und die Möglichkeit einer weiteren wirthschaftlichen Entwickelung und eines intensiveren Betriebes in ziemlich ausgedehntem Maaße vorhanden sind, glaube ich in den verschiedenen Abschnitten dieses Buches gebührend erklärt und begründet zu haben. An eine wesentliche dauernde Herabsetzung des Zinsfußes in jenen Ländern ist jedoch vorläufig nicht zu denken.

Es sollte mir zur lebhaften Freude gereichen, wenn diese meine ausführliche, sorgfältige und gewissenhafte, von aller und jeder Schönfärberei und unlauterem Optimismus freie Arbeit über Betrieb und Rentabilität des Estanziageschäftes den von mir gewünschten Erfolg hätte, deutsche Kapitalisten und kapitalstarke deutsche Gesellschaften zu veranlassen, sich gleich englischen, französischen und belgischen Kapitalisten und Gesellschaften am Estanziageschäfte zu betheiligen.

Der Estanziabetrieb bietet im Vergleich mit vielen anderen überseeischen Unternehmungen, Plantagenbau, Bergwerken u. s. w. die gewiß nicht gering zu veranschlagenden Vortheile, daß er von Anfang an rentabel ist, daß er wenige Unkosten verursacht, daß seine Rentabilität durch einen intelligenten, intensiveren Betrieb bedeutend gehoben werden kann und daß wenig oder fast gar kein Geld in kostspieligen aber werthlosen Plunder angelegt zu werden braucht. Man hat für sein verausgabtes Geld immer etwas Reelles.

Es ist nicht zu bezweifeln, daß auf deutschen Estanzias auch deutsche Schäfer, deutsche Bauern, deutsche Gewerbtreibende in großer Anzahl ihr gutes Fortkommen finden würden und im Falle, daß erst ein gediegener Anfang gemacht ist, dessen zufriedenstellende Resultate in weiteren Kreisen bekannt würden, dürfte sich der La Plata als ein großes zur fruchtbringenden Anlage deutscher Kapitalien geeignetes Feld und als ein vortheilhafter Markt für deutsches Zuchtvieh, deutsche Ackergeräthe, deutsche landwirthschaftliche Maschinen und deutsche Industrieerzeugnisse der mannigfachsten Art erweisen.

Ich kann nicht schließen, ohne der Verpflichtung nachzukommen, den verschiedenen sowohl hier in Deutschland als auch in Antwerpen und am La Plata wohnhaften Herren, welche mir bei der Abfassung dieses Werkchens in liebenswürdiger Weise behülflich gewesen sind, sei es durch Beschaffung werthvollen statistischen Materiales, sei es durch Mittheilung ihrer langjährigen Erfahrungen im Estanzia-, Producten- und Exportgeschäfte, an dieser Stelle nochmals meinen verbindlichsten Dank auszusprechen.

Druck von H. Freystatzky, Ratzeburg.

Der Leser wird aus folgenden Werken, welche sämmtlich durch die Buchhandlung von L. Friederichsen & Co. in Hamburg bezogen werden können, weitere Belehrung über die Länder des La Plata sich verschaffen können:

J. R. Rengger. Reise nach Paraguay in den Jahren 1818 bis 1826. Aarau 1835.

A. d'Orbigny. Voyage dans l'Amérique méridionale, exécuté pendant les années 1826—1833. Paris 1835—1847.

Th. Page. Le Paraguay et les républiques de la Plata, Paris 1851.

Freiherr von Reden. Die Staaten im Stromgebiete des La Plata in ihrer Bedeutung für Europa. Darmstadt 1852.

Woodbine Parish. Buenos-Aires and the provinces of the Rio de la Plata. London 1852.

Karl Andree. Buenos-Aires und die Argentinischen Provinzen. Leipzig 1856.

T. J. Page. La Plata, the Argentine confederation and Paraguay. London 1859.

H. Burmeister. Reise durch die La Platastaaten. Halle 1861.

Derselbe. Ueber das Klima der Argentinischen Republik. Halle 1861.

Sommer Geiser. Lebensbilder aus dem Staate Uruguay. Basel 1861.

A. M. du Graty. La république du Paraguay. Bruxelles. Leipzig. London. 1862.

V. M. de Moussy. Description géographique et statistique de la confédération Argentine. Paris 1860—1866.

W. Latham. The states of the River Plate, their industries and commerce. London 1866.

J. E. Wappäus. Die Republik Paraguay geographisch und statistisch dargestellt. Leipzig 1867.

M. G. and T. E. Mullhall. Handbook of the River Plate. Buenos-Aires 1869.

J. H. Murray. Travels in Uruguay. London 1871.

M. von Versen. Reisen in Amerika und der südamerikanische Krieg. Breslau 1872.

G. C. Musters. Unter den Patagoniern. Jena 1873.

V. Martin de Moussy. Déscription géographique et statistique de la confédération Argentine. Paris 1873.

Carl Beck-Bernard. Die Argentinische Republik. Bern 1874.

H. Burmeister. Physikalische Beschreibung der Argentinischen Republik. Buenos-Aires 1875.

M. G. and E. T. Mullhall. Handbook of the River Plate republics. London 1875.

Richard Napp. Die argentinische Republik. Buenos-Aires 1876.

J. Alemann. Bilder aus der Argentinischen Republik. Buenos-Aires 1877.

E. Daireaux. Buenos-Aires, la Pampa et la Patagonie. Paris 1877.

Neueste Werke.

Carl Beck-Bernard. Ueber's Meer. Taschenbibliothek für deutsche Auswanderer. Argentinien. Leipzig 1883.

Dr. E. Gothein. Der christlich-sociale Staat der Jesuiten in Paraguay. Leipzig 1883.

——— The Republic of Uruguay, issued by authority of the consulate-general of Uruguay. London 1883.

Franz Latzina. Die Argentinische Republik als Ziel der europäischen Auswanderung. Amtliche Veröffentlichung mit einer Karte. Buenos-Aires 1883.

Geographische Gesellschaft zu Bremen. Katalog der Argentinischen Ausstellung mit einer Einleitung von Professor A. von Seelstrang. Bremen 1884.

Hugo Zöller. Pampas und Anden. Berlin und Stuttgart 1884.

Karl Friedrich. Die La Plata-Länder unter besonderer Berücksichtigung ihrer wirthschaftlichen Verhältnisse, Viehzucht und Kolonisation und ihrer Bedeutung für deutsche Kapitalisten und Auswanderer. Hamburg 1884. L. Friederichsen & Co.

Dr. J. Chr. Heusser. Drei Aufsätze betreffend die europäische Auswanderung nach den Argentinischen Provinzen Buenos-Aires, Santa Fé und Entre Rios. Zürich 1885.

Dr. Hugo Töppen. Hundert Tage in Paraguay. Reise in's Innere. Paraguay in Hinblick auf Kolonisationsbestrebungen, mit einer Karte. Hamburg 1885. L. Friederichsen & Co.

C. F. C. Schultze. Die wirthschaftlichen Verhältnisse und die verschiedenen Productionsgebiete der La Plata-Länder. Vortrag gehalten zu Hannover und Braunschweig nebst einem statistisches Material enthaltenden Anhange. Ratzeburg i. L. 1885.

Dr. Bernhard Förster. Deutsche Kolonien in dem oberen Laplata-Gebiete mit besonderer Berücksichtigung von Paraguay. Ergebnisse eingehender Prüfungen, praktischer Arbeiten und Reisen, 1883—1885. Naumburg a/S. Im Selbstverlage des Verfassers. 1886.

FSC
www.fsc.org
MIX
Papier | Fördert gute Waldnutzung
FSC® C083411

Zeitfracht Medien GmbH
Ferdinand-Jühlke-Straße 7
99095 Erfurt, Deutschland
produktsicherheit@kolibri360.de